ANNA

白衬衫
经典回归

穿得优雅
活得漂亮

演绎沙滩风情
衣品拯救身高

爱不释手宽檐帽
健身也有范儿

复古牛仔风

今年流行
凉鞋配短袜

旅行
遇见
更好的自己

灵感DIY
编发指南

服饰美容
明星时尚

Ai *Mix & Match 风格——时装杂志封面*
使用Illustrator的图案库、图形透明度和混合模式等功能制作时装杂志封面。　173页

画笔与图层样式搭配——晕染公主裙效果

用混合模式和图层样式表现晕染效果。混合模式可以使颜色之间相互叠加，产生颜色渗透效果。图层样式能让颜色边缘呈现水渍痕迹效果。

212页

32页 水彩笔笔触

灵活运用画笔——水粉效果休闲装

204页

31页/32页 蜡笔笔触/马克笔笔触

夸张风格——运动女装
165页

再现真实笔触——马克笔效果休闲装
196页

218页 双笔尖绘画——拓印效果

29页/30页 铅笔笔触/彩色铅笔笔触

参照法——将图片转换成时装画

参考图片绘制线稿，再通过两种不同的笔尖进行描边，使线条变化，以模拟手绘效果。为了让面料依照服装的立体结构产生扭曲，用到了变形功能。

182页

159页 写意风格——职业装

129页 绘制皮草披肩

34页 调整工具的不透明度

116页 制作光滑的丝绸面料

写实风格——中式旗袍

151页

动画风格——少女服装

168页

5

透明技巧——水彩效果晚礼服

使用：半湿描油彩笔：笔尖表现笔触效果，通过调整画笔的大小、不透明度和流量，绘制出水彩风格的时装画。这种方法能在保持颜色透明特性的同时，体现笔触的叠加效果。在为裙子着色时，需要将墨渍素材定义为画笔，这是增强画笔工具表现力的技巧。

200页

176页 临摹法——向大师作品学习

118页 制作轻薄的纱质面料

模板法——基于人物模板快速创作

188页

37页 融合颜料

制作铅笔线条——彩色铅笔效果舞台服

使用画笔工具绘制模特，再对素材图片应用滤镜进行处理，作为服装面料的贴图。制作出模特整体效果后，使用"彩色铅笔"滤镜对图像进行处理，使画面初步具备手绘效果。再用载入的画笔素材绘制出一排排的铅笔线条，使彩铅效果更加逼真。

207页

装饰风格——舞台装

使用画笔工具绘制轮廓线，并为画面着色。使用橡皮擦工具修饰线条，使线条简练、形象概括。在制作头饰时，枝干、花朵、树叶和喷溅效果都是用不同的笔尖表现出来的。

156页

衬衣款式图——衣领表现技巧（49页）

毛衫款式图——衣袖表现技巧（54页）

191页 贴图法——裁图与贴图应用技巧

绘制腰头（60页）

马甲款式图——门襟表现技巧（57页）

绘制口袋（59页）

服装款式整体设计图稿（61页）

71页 制作单独纹样

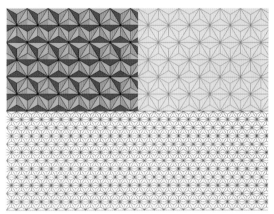

76页 制作几何图形四方连续

78页 制作四方连续纹样

80页 用脚本图案制作四方连续

84页 用KPT5滤镜制作分形图案

81页 用AI+PS联合制作图案库 Ai & Ps

74页 用脚本图案制作二方连续

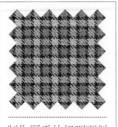

制作厚重的粗呢面料
◇第120页◇

制作粗糙的棉麻面料
◇第121页◇

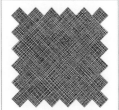

制作派力斯面料
◇第90页◇

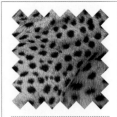

制作豹皮面料
◇第105页◇

制作裘皮面料
◇第101页◇

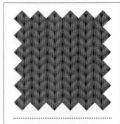

制作毛线编织面料2
◇第100页◇

制作蜡染面料
◇第112页◇

制作牛仔布面料
◇第95页◇

制作绒线面料
◇第97页◇

制作迷彩面料
◇第93页◇

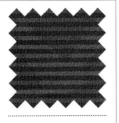

制作毛线编织面料1
◇第99页◇

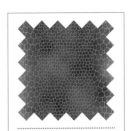

制作蛇皮面料
◇第103页◇

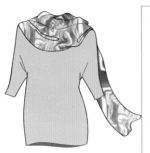

制作扎染面料
◇第113页◇

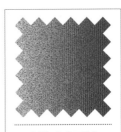

制作发光面料
◇第114页◇

制作摇粒绒面料
◇第96页◇

制作孔雀图案面料　◇第108页◇

服饰配件
Clothing & Accessories

制作时装眼镜（131页）

制作钻石胸针（141页）

绘制棒球帽（127页）

绘制珍珠（130页）

制作铂金耳环（135页）

Ai 制作蝴蝶结（142页）

绘制领带（126页）   制作金镶玉项链（137页）

制作皮革质感女士钱包（134页）

绘制腰带（125页）

绘制水晶鞋（122页）

制作3D发饰（144页）   制作翡翠戒指（140页）

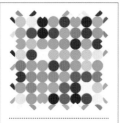

制作亮片装饰面料
◇第115页◇

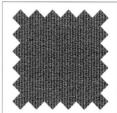

制作泡泡纱面料
◇第91页◇

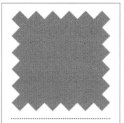

制作薄缎面料
◇第92页◇

制作方格棉面料
◇第87页◇

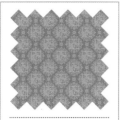

制作印花面料
◇第110页◇

制作柔软的天鹅绒面料
◇第116页◇

制作透明的蕾丝面料
◇第117页◇

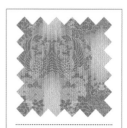

制作印经面料
◇第111页◇

实例素材+效果文件

01 提供全部实例的素材文件和效果文件。

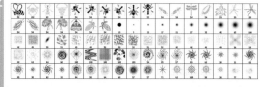

画笔库

02 近千种画笔笔尖资源，让绘画更加得心应手。

样式库

03 只需单击鼠标，便可生成宝石、不锈钢、霓虹灯、水滴等真实质感。

图案库

04 89种图案，服装设计、纹样制作好帮手。

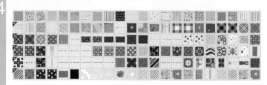

形状库

05 各种好看、好玩的图形拿来即用。

渐变库

06 500种超酷渐变颜色，让色彩斑斓绚丽。

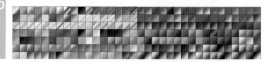

139集视频教学录像

07 赠送《多媒体课堂——Photoshop视频教学65例》和《多媒体课堂——Illustrator视频教学74讲》视频教学录像。

7个设计类电子文档

08

3个软件学习类电子文档

09

   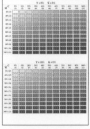  

平面设计与制作

突破平面

李金蓉 / 编著

Photoshop CC 2018

服装设计技法剖析

清华大学出版社

北京

内容简介

作为一本全面展现Photoshop服装设计流程和绘画技巧的专业书籍，本书以线稿绘制为起点，通过大量的实例，讲解款式图、图案、面料、服饰配件的绘制方法，以及时装画的风格表现和特殊技法。

在技术上，本书对Photoshop最重要的绘画工具——笔尖进行了深入剖析，包括给笔尖分类、详细分析笔尖的基本特性和变化控制技巧。在传统绘画效果表现上，书中介绍了很多方法，可以惟妙惟肖地模拟马克笔、水彩、水粉、素描铅笔、彩色铅笔、蜡笔、晕染、拓印等笔触和绘画作品。在Photoshop功能使用上，书中的实例不仅用到了绘画功能和矢量绘图功能，还充分利用图层、混合模式、蒙版、图层样式等技术手段，来表现透明度变化、色彩融合效果、颜色间的晕染和渗透等。此外，书中还总结了几种绘制时装画的快速提高方法，包括临摹法、参照法、模板法、贴图法等。

作为配套资源，本书提供了实例素材和效果文件，并附赠近千种画笔库、图案库、图形库、样式库和渐变库、10个设计类和软件学习类电子文档，以及139集Photoshop和Illustrator入门视频教学录像。

本书适合高等院校服装专业学生、服装设计从业者和想要从事服装设计工作的人学习使用，也可作为相关院校和培训机构的教材。

图书在版编目（CIP）数据

突破平面Photoshop CC 2018服装设计技法剖析/李金蓉编著. —北京：清华大学出版社，2020.3
（平面设计与制作）
ISBN 978-7-302-54282-7

Ⅰ.①突… Ⅱ.①李… Ⅲ.①服装设计—计算机辅助设计—图像处理软件 Ⅳ.①TS941.26

中国版本图书馆CIP数据核字（2019）第258802号

责任编辑：陈绿春
封面设计：潘国文
责任校对：胡伟民
责任印制：杨　艳

出版发行：清华大学出版社
   网　　址：http://www.tup.com.cn，http://www.wqbook.com
   地　　址：北京清华大学学研大厦A座　　　邮　　编：100084
   社 总 机：010-62770175　　　　　　　　邮　　购：010-62786544
   投稿与读者服务：010-62776969，c-service@tup.tsinghua.edu.cn
   质 量 反 馈：010-62772015，zhiliang@tup.tsinghua.edu.cn
印 装 者：三河市龙大印装有限公司
经　　销：全国新华书店
开　　本：188mm×260mm　　印　张：14.25　　　插　页：8　　　字　数：520千字
版　　次：2020年5月第1版　　印　次：2020年5月第1次印刷
定　　价：79.00元

产品编号：079211-01

前言

　　计算机技术的飞速发展彻底改变了设计行业。在由众多软件程序搭建起的设计平台上，毫无疑问，最具影响力的当属Photoshop，它在设计流程中的参与度最广、也最深入。

　　服装设计是Photoshop应用领域中的一个分支，围绕它的功能和技术也是自成体系的。用Photoshop做服装设计，我们第一个要清楚的就是它有哪些功能能为我所用。第1章的"1.4 Photoshop服装设计10大功能"中对此做出了专门的提炼。这一章还介绍了Photoshop基本操作方法，便于初学者从零开始上路。

　　从传统工具转换到计算机绘画是一个大的趋势。现在，素描、水彩、水粉、油画、国画、版画、漆画、丙烯画，等等，几乎所有我们想得到画种都能用Photoshop再现出来。言外之意就是说，Photoshop可以替代所有的传统绘画工具和介质。对用户而言，前提条件也很苛刻——要对Photoshop绘画功能有着深刻的理解，并能灵活运用才行。

　　作为Photoshop绘画功能的一个组成部分，工具其实是比较简单的，笔尖的选择和参数的设定才最为关键。因为任何一种笔触和效果的再现，都需要笔尖来完成。这其中还有很多考量，包括哪类笔尖对应哪类画种、笔触的覆盖力、笔尖设定方法和绘画技巧等，"2.1 Photoshop中的绘画逻辑"会给我们提供一个清晰的思路。

　　作为基本功，用Photoshop绘画同样要求造型准确，这有赖于个人的手绘功底是否扎实，不是本书需要探讨的。而绘画效果的再现能力，即用Photoshop表现哪个画种，呈现什么效果，能否惟妙惟肖，甚至以假乱真，则是本书的要义所在和重点讲授的技能。第2章和第8章都与此有关。

　　中国画讲究"三分画七分裱"，它道出了画外功夫的重要。Photoshop服装设计也有类似的分工。抛开造型能力不讲，笔尖如果能占七分的话，那么其他辅助技能则占三分。这些技能体现在绘画进行阶段，需要运用很多技术手段，比如控制图层的整体不透明度、用蒙版控制局部不透明度、改变混合模式、添加图层样式、应用滤镜等操作，来表现笔触叠加、色彩叠透、颜色晕染等诸多效果，以及制作纸张纹理和颜料颗粒等真实细节。这些技巧对于效果的成败至关重要。书中会通过实例加以展示的。

　　除了技术和技巧型实例外，书中还有大量行业技能型实例。从线稿的绘制，到绘制款式图、制作图案、制作面料、绘制服饰配件、绘制时装画等，涵盖了Photoshop服装设计的所有关键环节。另外，本书的部分实例会用到Illustrator。客观来讲，Illustrator在绘图和图案制作等方面要远胜Photoshop。真正的服装设计从业者，这两个软件是必学必会的。所谓技不压身，多学一点总归没有坏处。

　　本书的配套素材和视频教学文件请扫描右侧的二维码进行下载，如果在下载过程中碰到问题，请联系陈老师，联系邮箱：chenlch@tup.tsinghua.edu.cn

作者

2020年1月

目录

时装画精通篇

突破平面
Photoshop
CC 2018
服装设计
技法剖析

1

第1章 计算机服装设计基础

1.1 服装设计的绘画形式

服装设计的绘画形式有两种——时装画和服装效果图。时装画强调绘画技巧和设计的新意，突出艺术气氛与视觉效果；服装效果图则注重服装的着装具体形态及细节的描绘，以便于在制作中准确把握，保证成衣在艺术和工艺上都能完美地体现设计意图。

1.1.1 时装画的起源

时装画的起源可以追溯到文艺复兴时期，当时已有刊物通过时装插画反映宫廷的着装。在17世纪出版的杂志《美尔究尔·嘎朗》中，开始以铜版画的形式刊登时装画，这一时期的时装画已经包含了对服装设计流行趋势的预测，为人们提供流行的服装样式。18世纪，在欧洲、俄罗斯和北美，时装概念开始通过报纸和杂志传播。1759年，第一幅被记入历史的时装画发表于《女性杂志》。19世纪后，随着照相凸版印刷技术的诞生，出现了专业的时装杂志，这些杂志作为时装画的主要载体，在时尚传播中起着举足轻重的作用，时装画这门新兴的艺术形式逐渐形成和完善起来。图1-1所示为查尔斯·达纳·吉布森在19世纪90年代为《时代周刊》《生活》等杂志创作的吉布森女郎。这个人物形象被演化成舞台角色，用于宣传产品，甚至被写进歌词中。女士们纷纷效仿她的服饰、发型及举止，真实地反映了时装画在当时的影响力。

到了20世纪，广告业的发展、插画的广泛流行、艺术思潮和艺术形式的活跃，以及电脑绘画技术的出现，开拓了时装艺术的新风格。同时也涌现出许多知名的时装画家，如法国的安东尼·鲁匹兹、埃尔代、埃里克、勒内·布歇，意大利的威拉蒙蒂，美国的史蒂文·斯蒂波曼、罗伯特·扬，日本的矢岛功、英国的David Downton，西班牙的Arturo Elena等，他们虽然不像时装设计师那样被大众所熟悉，但其深厚的艺术造诣，以及在时装画中创造出来的曼妙意境，令人深深折服，如图1-2和图1-3所示。时装画也以其特殊的极具美感形式成为了一个专门的画种，如时装广告画、时装插画、时装效果图、商业时装设计图等。

David Downton作品
图1-2

Arturo Elena作品
图1-3

图1-1

1.1.2 时装画的特点

时装画是时装设计师表达设计思想的重要手段，也是一种理念的传达。它强调绘画技巧，突出艺术气氛与视觉效果，主要用于强化时尚氛围，起到宣传和推广作用。

时装画的特点是以绘画为基本手段，通过一定的艺术处理手法体现服装设计的造型特征和整体艺术氛围。与其他绘画艺术相比，时装画具有双重属性——实用性和欣赏性。一方面，时装画属于实用艺术范畴，是服装设计的表达方式之一，因而不同于纯绘画，也不是纯粹的欣赏艺术；另一方面，时装画是借助绘画手段来展示服装的整体美感的，具有一定的艺术审美价值，这种特殊性形成了它特有的艺术语言和内涵。图1-4所示为强调实用性的时装画，图1-5所示为突出艺术氛围的时装画。

图1-4   图1-5

1.1.3 服装效果图的特点

服装设计效果图最初是用于记录当时社会流行的服装样式的，而后才逐渐发展成服装设计师用来预测服装流行趋势、表达设计意图的媒介。

一幅完美的服装设计效果图具备两个方面的特点：一是有极佳的设想构思；二是体现了扎实的绘画功底和绘画技巧。好的服装设计效果图干净、简洁、有力、悦目、切题，能代表设计师的工作态度，品质与自信力，如图1-6和图1-7所示。

图1-6   图1-7

服装设计效果图的艺术性从属于实用性，因此，它不能等同于时装画。作为传达设计意图的媒介，设计师的表现重点应集中在体现设计意图方面，而非一味追求画面的艺术效果。

服装设计效果图的功能是多方面的，既便于生产部门理解其设计意图；也可为客户提供流行信息、为服装广告和时装展示传播信息；还能通过专业性的刊物、杂志、网络等传媒载体，给服装厂商和销售商带来促销作用。

1.2 服装设计传统绘画技法

人类最早的绘画产生于旧石器时代晚期，距今已有上万年历史。在经历了史前美术、古代美术、中世纪、文艺复兴、17~19世纪美术，到现代美术等阶段，绘画工具、表现形式、技法和技巧等不断地成熟和演变，为服装设计和绘画提供了足够多的经验。

1.2.1 勾线

线是服装绘画造型的重要基础，可以准确地展现服装的细节特征，表现模特的性格和表情。有着虚实、转折、顿挫变化的线条会使画面更加生动，如图1-8和图1-9所示。

图1-8　　　　　　图1-9

图1-12　　　　　　　　图1-13

1.2.2　马克笔

马克笔是绘制时装画最便捷的工具，具有色彩亮丽、笔触明显、携带方便等特点。

马克笔非常适合快速表现构思，它能够用最简洁的线条和色彩体现面料和质感，展现独特的风格和艺术感染力，如图1-10和图1-11所示。马克笔擅长营造层叠效果，与铅笔组合使用时，可以产生丰富的色调和肌理。

炭笔是最古老的绘画材料，灵活而富有表现力，可以快速、直观地表现设计师的想法。炭笔能赋予线条各种性格特点：柔和、阳刚、果断、谨慎、流畅、迟滞、干练、羞怯……木炭条可以干擦和涂抹，非常适合营造光影效果。

1.2.4　彩色铅笔

彩色铅笔可以画出很多效果。在不使用溶剂的情况下，彩色铅笔的色调会变深，可以呈现由纸张颗粒所产生的柔和效果。而使用水或松节油在没有被颜料覆盖的区域涂抹，则可以模拟水彩画的晕染效果。彩色铅笔还可以与其他技法结合使用。例如，在马克笔或水彩颜料上用铅笔刻画细节，就是一种常见的时装画表现技法，如图1-14~图1-17所示。

图1-10　　　　　　图1-11

1.2.3　单色铅笔

绘图铅笔、炭笔和木炭条等都属于单色铅笔。它们在表现服装与人物的结构、明暗、空间和质感等方面有着独特的优势。它们还具有其他绘画材料不具备的特性——可修改性。

绘图铅笔既可以细致入微地刻画，例如，运用素描方法，由线条排列形成块面，表现细腻、写实、逼真的效果，如图1-12所示；也能进行大胆而粗犷的勾勒，例如，绘制草图、表现人体和服装的轮廓线，如图1-13所示。

图1-14　　　　　　　　图1-15

提示

Point

使用彩色铅笔绘画时，应注重几种颜色的结合使用，色与色之间的相互交叠形成多层次的混色效果，使画面色调既有变化，又统一和谐。

图1-16

图1-17

1.2.5 蜡笔

蜡笔质地柔软，能绘制粗犷、醒目的线条，如图1-18所示，适合表现针织或花呢等纹理粗糙的面料，也可以表现蜡染效果。蜡笔往往是结合水彩或水粉进行绘画，即先用蜡笔进行勾勒，再使用水彩或水粉铺色，如图1-19所示。

图1-18

图1-19

1.2.6 水彩

水彩画的特点是以薄涂保持其透明性，产生晕染、渗透、叠色等特殊效果，可以生动地表现面料质地和色彩变化，尤其是轻薄柔软的丝绸和薄纱等面料，如图1-20~图1-23所示。

图1-20

图1-22

图1-23

提示　　　　　　　　　　　　*Point*

水彩画的主要技法包括以下几种。
● 湿画法：用水将颜料稀释后，以各种方式在纸上刷薄薄的颜料涂层。绘画时笔触之间可以互相叠加，还可以产生从明到暗的渐变色调。
● 湿纸法：用水或颜料浸湿纸张，再绘画。适合表现色彩过渡和自然融合效果。
● 擦洗法：一种将画好的干燥颜料从画面中洗去的技法。可以增强立体感。
● 吸除法：在水彩颜料未干燥时，用海绵、布或者薄棉纸巾等将颜料吸走的方法。
● 刮擦法：一种表现留白的技巧，即用刀片将颜料从画面中刮除，露出下面的白纸。

1.2.7 水粉

水粉颜料是一种不透明的颜料，具备透明水彩所没有的厚重感，可以细致地再现面料的真实质感，形成较强的写实风格，如图1-24和图1-25所示。尽管水粉具有不透明属性，但可以涂得很薄，形成透明的颜料层。

图1-24

图1-25

1.2.8 色纸

在色纸上绘画，可以利用色纸固有的颜色表现服装面料或人物皮肤的色彩，如图1-26和图1-27所示。水粉颜料在色纸上能产生很好的效果，纸面的颜色可以从颜料下隐约透出，或者和颜料并存于画中。

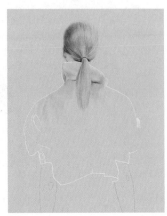

图1-26　　　　　　图1-27

1.3　Photoshop基本操作

计算机世界里有两种不同的数字图像——位图图像和矢量图形。在计算机服装设计中，这两种数字图像都会用到。例如，画时装画和服装效果图时会用到Photoshop的绘画功能（属于图像编辑），绘制款式图时，则会用到Photoshop的绘图功能（属于矢量图形编辑）。本节我们就从数字图像的原点出发，了解图像和图形的概念及各自特点，之后再去认识Photoshop的工作界面、工具、面板和命令，学习文档导航、文件的操作方法，为后面学习Photoshop服装设计实例打好基础。

1.3.1 图像与图形概念

什么是位图••••••••••••••••••

从数码相机、手机、摄像机、扫描仪等设备获取的图像都是位图（在技术上称为栅格图像）。

位图是由像素（Pixel）构成的。像素的"个头"非常小。以A4纸大小的海报为例，在21厘米×29.7厘米的画面中，包含了多达8,699,840个像素。想要在Photoshop中看清单个像素，得将视图比例调大——当画面中出现类似马赛克状的方块时，每个方块便是一个像素，如图1-28所示。

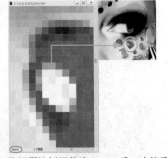

左图视图比例为100%。将视图比例调整为3200%后，才能看清单个像素（右图）

图1-28

在Photoshop中处理图像时，编辑的就是这些"小方块"。图像发生任何改变，也都是这些"小方块"发生变化的结果。

在某些情况下，像素也可以很大，直接用眼睛就能看到。

像素"个头"的大小，取决于分辨率的设定。分辨率用像素/英寸（ppi）来表示，它的意思是一英寸（1英寸=2.54厘米）的距离里有多少个像素。如果分辨率为10像素/英寸，就表示一英寸的距离里有10个像素，如图1-29所示；如果分辨率为20像素/英寸，则表示一英寸距离里有20个像素，如图1-30所示。

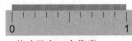

一英寸里有10个像素　　　　一英寸里有20个像素
图1-29（此图非原大）　　　图1-30（此图非原大）

分辨率越高，一英寸的距离里包含的像素就越多，那么像素的"个头"就越小，但其总数会增加。由于像素记录了图像的信息，像素数量越多，就意味着图像的信息越丰富，细节内容更多。

什么是矢量图形••••••••••••••••••

矢量图形（也叫矢量形状或矢量对象）是由

称作矢量的数学对象定义的直线和曲线构成的。在Photoshop中，具体是指用钢笔工具或者各种形状工具绘制的路径，也可是加载的由其他矢量程序（Illustrator、CorealDRAW、AutoCAD和3ds Max等）生成的矢量素材。

从外观上看，路径是一段一段线条状的轮廓，每两段路径之间由一个锚点进行连接，如图1-31所示。用钢笔工具✐绘制路径，可以构造复杂的矢量图形，如图1-32所示。

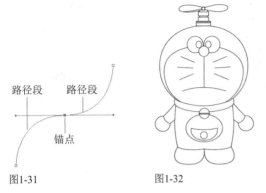

图1-31　　　　　图1-32

矢量图与位图的各自特点

矢量图形的特点是无论怎样旋转和缩放都保持清晰，能够真正做到无损编辑。因此，非常适合制作图标和Logo等需要经常变换尺寸，或以不同分辨率印刷的对象。

位图由于受到分辨率的制约，只包含固定数量的像素。在放大和旋转时，多出的空间需要新的像素来填充，而Photoshop无法生成原始像素，它只能通过模拟生成像素，这会造成图像没有原来清晰，也就是通常所说的图像变虚了。这是位图的最大缺点。

但位图可以再现丰富的颜色变化、细微的色调过渡和清晰的图像细节，完整地呈现真实世界中的所有色彩和景物，这也是它成为照片标准格式的原因。矢量图形则要逊色得多。

在Photoshop中，绘画类和修饰类工具不能处理矢量对象；而矢量工具只能用来绘制矢量图形，不能进行绘画或者编辑位图。但位图和矢量图是可以互相转换的。

1.3.2 Photoshop工作界面

Photoshop界面

Photoshop的工作界面与其他软件程序没有太大差别，也是由菜单、图像编辑区（文档窗口）、面板、选项卡等组件构成，如图1-33所示。默认的工作界面是黑色的，但可以通过按Alt+Shift+F2快捷键，将颜色调浅。

图1-33

菜单

Photoshop中有11个菜单，如图1-34所示。菜单中包含可执行的各种命令。有些命令右侧有快捷键，这表示不必通过菜单便可执行命令。例如，按Ctrl+N快捷键可以执行"文件"|"新建"命令。

文件(F) 编辑(E) 图像(I) 图层(L) 文字(Y) 选择(S) 滤镜(T) 3D(D) 视图(V) 窗口(W) 帮助(H)
图1-34

在文档窗口空白处，在包含图像的区域，或者在面板上单击鼠标右键，可以打开快捷菜单，如图1-35和图1-36所示。快捷菜单中的命令与当前所选工具、面板或操作有关。

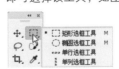

图1-35　　　　　图1-36

工具

单击"工具"面板中的一个工具，即可选择它，如图1-37所示。右下角带有三角形图标的是工具组，在这样的工具上按住鼠标按键可以显示隐藏的工具，如图1-38所示；将光标移动到隐藏的工具上，然后放开鼠标，即可选择该工具，如图1-39所示。

图1-37　　图1-38　　　　图1-39

Photoshop中的每个工具都配有选项，位于菜单下方的工具选项栏中，由图标、按钮和选项框构成。选项的设置决定了工具的用途、性能和使用方法。图1-40所示为选择渐变工具 时显示的选项。

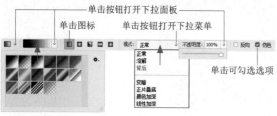

图1-40

面板

面板用来设置选项、选取颜色、添加命令等。所有面板（包括"工具"面板）都可以关闭，也可以通过"窗口"菜单打开。

在默认状态下，面板停靠在窗口右侧，它们分为几个不同的组，上下相接。在同一个面板组中，所有面板嵌套在一起，如果要使用某一面板，单击它的名称即可。如果要调整面板的位置，可以将光标放在面板顶部的名称上（或者其右侧也可），单击并拖曳鼠标即可，如图1-41所示。

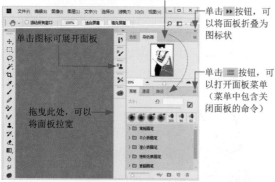

图1-41

技巧

执行"窗口"|"工作区"|"绘画"命令，可以切换到Photoshop专为绘画用户设计的工作区。在这一工作区中，只显示与绘画有关的面板，不相关的面板会被自动关闭，这样就免去了我们自己动手调整的麻烦。

1.3.3 文档导航

在Photoshop中绘画时，经常需要将窗口的视图放大，让画稿以更大的比例显示，再将需要编辑的区域移动到画面中心，这样才能观察和描绘细节。这种操作称为文档导航。

缩放工具 可以进行视图的缩放操作。使用它在文档窗口中单击鼠标，可以按照预设的级别放大视图比例，如图1-42和图1-43所示。使用抓手工具 ，或按住空格键（临时切换为该工具）在窗口中单击并拖曳鼠标，可以将画面移动到需要编辑的区域，如图1-44所示。

图1-42　　　　图1-43　　　　图1-44

按住Alt键单击，可以缩小视图比例。如果在工具选项栏中选取"细微缩放"选项，然后将光标放在需要仔细观察的区域，单击并向右侧拖曳鼠标，则能够以平滑的方式快速放大，光标下方的图像会出现在窗口中央。向左侧拖曳鼠标，会快速缩小视图比例。

当视图比例被调小以后，整个图像区域（也称"画布"）之外就会出现灰色的暂存区，如图1-45所示。暂存区在某些情况下比较有用。例如，将一幅大图拖入一个较小的文档中，超过画布范围的图像虽然无法显示，但会保存在暂存区，而不被删除。此外，进行变换操作时，定界框有时候也可能在暂存区上，如图1-46所示。

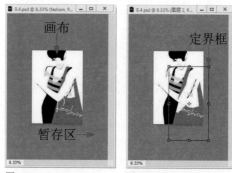 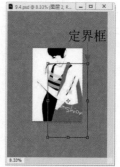

图1-45　　　　图1-46

1.3.4 文件的使用和存储

创建空白文件

如果想要在Photoshop中从"一张白纸"开始绘画，可以使用"文件"|"新建"命令创建一个空白文件。执行该命令会打开"新建文档"对话框，如图1-47所示。最上方是6个选项卡，要创建哪种类型的文件，就单击相应的选项卡，然后在其下方选择一个

预设，之后单击"创建"按钮，即可基于预设创建一个文件。如果预设不能完全符合需要，可以在对话框右侧的选项中设置参数，创建自定义大小的文件。

可基于预设创建文件　可以自定义文件尺寸

可下载模板文件

可以设置分辨率

图1-47

打开文件

如果想要用Photoshop编辑计算机硬盘上的文件，如画稿、面料素材等，可以执行"文件"|"打开"命令，或者在灰色的Photoshop程序窗口中双击，弹出"打开"对话框，选择文件并将其打开，如图1-48所示。

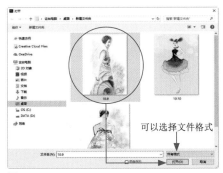

可以选择文件格式

图1-48

在"文件类型"下拉列表中，默认的选项是"所有格式"，这样不会漏掉Photoshop支持的任何一种

格式的文件。如果文件数量较多，查找起来就比较麻烦了。指定文件格式可以缩小查找范围。例如，想要打开的是JPEG格式的文件，就可以在"文件类型"下拉列表中选择"JPEG"，将其他格式的文件屏蔽。

保存文件

使用"文件"|"存储"命令（快捷键为Ctrl+S）可以保存文件。

第一次存储文件时会弹出"另存为"对话框，如图1-49所示。这里文件的格式比较重要，它决定了数据的存储方式（作为位图还是矢量）、压缩方法、支持哪些Photoshop功能，以及文件是否与一些应用程序兼容。

这两处都可以选择文件保存位置

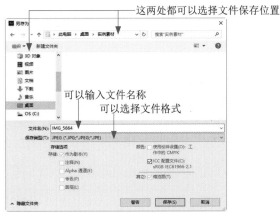

可以输入文件名称

可以选择文件格式

图1-49

第一次存储文件最好使用PSD格式（扩展名为.psd）。它可以保存文件中的所有内容。像图层、图层样式、调整图层、蒙版、通道、路径等，以后不论何时打开文件，都可以进行编辑和修改。此外，矢量软件Illustrator和排版软件InDesign也支持PSD文件，这意味着一个透明背景的PSD文件置入这两个程序之后，背景仍然是透明的。

但是PSD文件在Photoshop和Bridge之外的程序中无法预览，这会影响某些工作流程。例如，客户拿到画稿时会因没有相应的软件而无法观看。除此以外，如果画稿还需要通过E-mail传送、上传到网络，或者交给图片社打印等，可以使用"文件"|"存储为"命令，另存一份JPEG或PDF格式的文件，然后把它交给对方。我们手中仍需保管好PSD文件，以备可以随时修改。JPEG文件的好处是浏览方便，PDF文件的好处是可以添加注释。

提示　　　　　　　　　　　　　*Point*

在操作过程中，要记得经常按Ctrl+S快捷键，保存文件的最新编辑状态。

1.4 Photoshop服装设计10大功能

设计师将速写稿或原始画作扫描进计算机，使用Photoshop做进一步处理，在工作中已经非常普遍了。这种处理方式以传统绘画图稿为起点，通过软件在作品中添加新的元素，探索新的创意。不仅如此，现在越来越多的新锐设计师将绘画创作全部转移到Photoshop中完成。因为传统的绘画效果，无论是素描、水彩、水粉，还是油画、丙烯等，都可以用Photoshop这一个软件表现出来，也就是说，Photoshop可以替代所有的传统绘画工具和媒介。Photoshop是一个庞大的软件程序，下面简要介绍一下它有哪些功能可用于服装设计。

1.4.1 绘画

使用传统工具在纸张上绘制时装画和服装效果图，必须熟悉每一种绘画工具的特性和使用技巧，还要经过大量的练习，才能创作出好作品。而用Photoshop绘画，只需一个画笔工具 🖌️，通过更换不同的笔尖就可以表现马克笔、炭笔、水彩笔等各种笔触效果，如图1-50所示，以及颜色晕染、纸张纹理、颜料颗粒等真实细节。

如果想成为Photoshop绘画高手，还可以发掘其他绘画类和修饰类工具的潜力，这些工具各有所长，如图1-51所示。比较典型的有混合器画笔工具 🖌️，它可以让颜料产生真实的混合效果。渐变工具 ▨，它的填充效果特别适合表现绸缎面料的光滑质感。涂抹工具 👉 可以模拟手指在画纸上涂抹的行为，能将线条抹出一种晕染效果。仿制图章工具 🔖 可以复制图像内容或去除缺陷。橡皮擦工具 ✏️ 可以擦出透明效果等。

- 用涂抹工具 👉 抹出发丝
- 用橡皮擦工具 ✏️ 擦线条
- 用自定义的画笔绘制裙子
- 用"硬边圆"笔尖绘制裙摆
- 用"半湿描油彩笔"笔尖绘制大色块
- 用橡皮擦工具 ✏️ 擦出透明效果

水彩笔
油彩笔
粉笔
蜡笔
喷枪
铅笔
碳晶铅笔
凹凸表面碳晶铅笔
木炭铅笔

不同笔尖模拟的传统绘画工具
图1-50

Photoshop绘画类工具及笔尖在效果表现上的应用
图1-51

Photoshop中的绘画是在图层上进行的。对图层的不透明度加以控制，或是使用图层混合模式混合图像和色彩，可以表现笔触叠加、色彩叠透和晕染效果，如图1-52所示。这两种功能并不会破坏图像，可以反复尝试和修改。

调整图层混合模式表现出的颜色融合与叠透效果

调整图层不透明度表现出的笔触叠加效果

用图层样式制作出的颜色扩散和晕染效果

图层样式、图层不透明度和混合模式在透明和晕染效果中的应用
图1-52

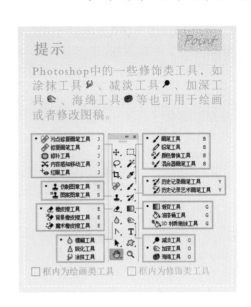

提示 *Point*

Photoshop中的一些修饰类工具，如涂抹工具 、减淡工具 、加深工具 、海绵工具 等也可用于绘画或者修改图稿。

Photoshop的绘画类工具还可以用来绘制服饰配件。在表现材料的质感方面，Photoshop更是强大无比。用图层样式和滤镜，可以再现真实的纸张纹理、颜料颗粒、棉麻、皮革材料，以及金、银、玉、宝石等金属和各种矿物。例如，图1-53和图1-54所示的水晶鞋就用到了图层样式和滤镜。

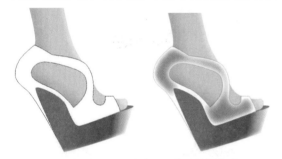

画出鞋底和鞋跟，之后用"内发光"效果制作鞋面
图1-53

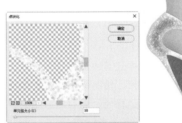

用"点状化"滤镜制作璀璨的水晶
图1-54

1.4.2 绘图

矢量工具

对于各种行业和不同的设计任务，Photoshop都提供了具有针对性的、专业化的工具。其矢量工具，即绘图工具，如图1-55所示，与矢量程序相比并不逊色。而且用Photoshop绘制的路径可以与矢量程序（如Illustrator）自由交换使用。

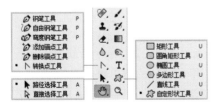

图1-55

用矢量工具绘图还有一个优点，就是能进行无损缩放，非常适合调整为不同的尺寸使用，而且不论以

多大的幅面打印都是清晰的。

在设计工作中，服装的款式图要用于指导生产，尺寸必须准确、规范，对绘图精度的要求比较高。Photoshop中的参考线、智能参考线、网格、对齐和分布等辅助功能，为精确绘图提供了可靠的保障。像款式图这类对尺寸要求严格的设计图稿，用Photoshop出图是没有任何问题的。

通过描边路径获得线稿

Photoshop的矢量工具可以绘制模特、时装画和款式图线稿。这种线稿是矢量图形，即路径，如图1-56所示。其特点是绘制方法简单，也容易修改。只是需要对路径进行描边才能使其可见，即成为真正的线稿。操作时首先在"路径"面板中单击路径层，如图1-57所示，然后单击"路径"面板底部的 ○ 按钮，即可用画笔工具 ✐ 描边路径，如图1-58所示。如果按住Alt键单击 ◯ 按钮，则可以打开"描边路径"对话框，选取"模拟压力"选项，可以使描边线条呈现粗细变化，如图1-59所示。

图1-56　　　　　　　　图1-57

图1-58　　　　　　　　图1-59

在"描边路径"对话框中还可以选择其他工具，如铅笔、橡皮擦、背景橡皮擦、仿制图章、历史记录画笔、加深和减淡等工具描边路径。需要注意的是，描边路径前，需要提前设置好工具的参数。

通过填充路径获得填色效果

使用路径选择工具 ▸ 单击路径，如图1-60所示，单击"路径"面板底部的 ● 按钮，可以用前景色填充路径所围合的区域，如图1-61所示。

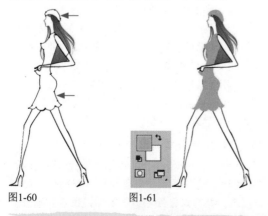

图1-60　　　　　　　　图1-61

1.4.3 图层

图层的使用原理

图层是Photoshop的核心功能。它类似于透明的玻璃纸，每张纸上承载一个对象（图像、文字或指令）。我们在Photoshop窗口中看到的是所有图层堆叠在一起呈现的效果，如图1-62和图1-63所示。

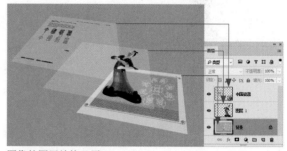

图像的图层结构及原理
图1-62

我们在计算机屏幕（Photoshop窗口中）看到的图像
图1-63

图层的最大功能是将图像及其他对象分层保管。这样的好处在于，选择一个图层并对它进行绘画、涂写等编辑时，不会影响其他图层。图1-64所示为调整"背景"图层颜色时的效果，此时只有该图层的颜色发生了改变，另外两个图层没有受到影响。

图1-64

在"图层"面板中，每个图层都有一个缩览图。缩览图有两个用处，一是显示了层中包含的是什么对象；另外可以通过缩览图找到需要编辑的图层。

缩览图前方是眼睛图标 ◉ 。单击眼睛图标 ◉ 以后，它会消失，同时图层也会被隐藏，即文档窗口中看不到该图层中的对象，如图1-65所示。隐藏以后，既可保护图层不会受到编辑修改，也能方便选择和处理其他图层中的图像。如果要重新显示图层，可在原眼睛图标处单击。

眼睛图标
图层缩览图

图1-65

用图层组管理图层

在Photoshop中绘画会用到大量图层，因为只有将不同的内容绘制在单独的图层上，才能便于修改和添加效果，如图1-66所示。

图1-66

随着绘画的深入，图层会越来越多，查找和选择就会比较麻烦。Photoshop中有一个功能可以像Windows系统的文件夹一样，将图层分门别类地放在不同的文件夹（组）中管理。它就是图层组。

单击"图层"面板底部的 📁 按钮，即可创建一个图层组。在组的名称上双击，显示文本框以后，输入便于识别的名称，如图1-67所示，然后便可将图层拖入组中进行管理，如图1-68所示。也可从组内拖出图层。将图层分门别类地放入不同的图层组以后，单击组前方的 ⌄ 按钮将该组关闭，"图层"面板就会变得井井有条，如图1-69所示。

图1-67

图1-68　　图1-69

如果要将多个图层编入一个组中，采用拖曳的方法操作有点麻烦，更简单的办法是按住Ctrl键分别单击它们（即同时选取这些图层），然后执行"图层"|"图层编组"命令（快捷键为Ctrl+G）即可。如果要取消编组，可以单击图层组，然后执行"图层"|"取消图层编组"命令。

图层基本操作

任务	方法
创建图层	单击"图层"面板中的 🔲 按钮，即可在当前图层（即当前操作的图层）上方创建一个图层，同时它会自动成为当前图层
选择图层	单击一个图层，即可选择该图层。如果要选择多个图层，可以按住 Ctrl 键分别单击它们
调整图层顺序	单击并将一个图层拖曳到另外一个图层的上方（或下方），当出现突出显示的蓝色横线时，放开鼠标，即可调整图层的顺序
复制图层	按Ctrl+J快捷键，可以复制当前图层。如果想要复制非当前图层，可将其拖曳到"图层"面板底部的 🔲 按钮上
修改图层名称	在图层的名称上双击，然后在显示的文本框中输入新的名称，并按Enter键确认，为它重新命名
合并图层	使用"图层"|"向下合并"命令（快捷键为Ctrl+E），可以将当前图层与下方的图层合并为一个图层
删除图层	单击一个图层，按Delete键即可将其删除。也可将图层拖曳到"图层"面板底部的 🗑 按钮上进行删除

1.4.4 移动和变换

单击图层以后，使用移动工具 ➤╂ 在文档窗口中单击并拖曳鼠标，可以移动图层，即移动图层中包含的对象。

如果打开了多幅图像，想要将一幅图像移动到另一文档中，可以单击它所在的图层，选择移动工具 ➤╂，在文档窗口单击并拖曳鼠标至另一个文档的标题栏，如图1-70所示，停留片刻可切换到该文档，光标向画面中移动，之后放开鼠标，便可将图像拖入这一文档，如图1-71所示。

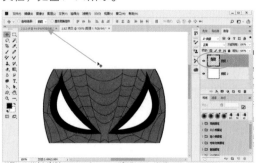

图1-70

图1-71

　　使用"编辑"|"变换"菜单中的命令，如图1-72所示，可以对图层中包含的对象进行变换和变形。也可按Ctrl+T快捷键显示定界框，如图1-73所示，然后按住相应的按键，并拖曳控制点来进行调整，如图1-74和图1-75所示。进行变换和变形操作时，将以参考点为基准。

图1-72

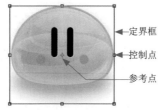

右侧标注：定界框、控制点、参考点

图1-73

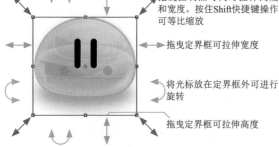

标注：拖曳控制点可同时拉伸高度和宽度。按住Shift快捷键操作可等比缩放；拖曳定界框可拉伸宽度；将光标放在定界框外可进行旋转；拖曳定界框可拉伸高度

拉伸、缩放和旋转快捷操作方法

图1-74

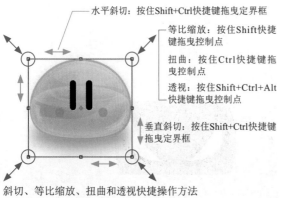

标注：水平斜切：按住Shift+Ctrl快捷键拖曳定界框；等比缩放：按住Shift快捷键拖曳控制点；扭曲：按住Ctrl快捷键拖曳控制点；透视：按住Shift+Ctrl+Alt快捷键拖曳控制点；垂直斜切：按住Shift+Ctrl快捷键拖曳定界框

斜切、等比缩放、扭曲和透视快捷操作方法

图1-75

1.4.5 选区

选区的用途

　　在图像上，选区是一圈封闭的、不断闪烁的边界线，如图1-76所示。它可以限定操作范围，例如，调色时只改变选区内部的颜色，选区外部不会受到影响，如图1-77所示；也可用于抠图，即将图像从原背景中分离到单独的图层上，如图1-78所示（Photoshop用灰白相间的棋盘格标识了图层的透明区域，抠出的图像与背景分离之后就是这样的）。

选区　　　　调色　　　　抠图
图1-76　　　图1-77　　　图1-78

羽化选区

　　选区可以进行羽化。羽化是指柔化选区的边界，使其能够部分地选取图像，如图1-79所示。在这种选区的限定下，当调整颜色时，选区内图像的颜色完全改变，选区边界处的调整效果出现衰减，并影响到选区边界外部，然后逐渐消失，如图1-80所示。抠图也是这样，图像边缘是柔和的，有半透明区域，如图1-81所示。

羽化的选区　　调色　　　　抠图
图1-79　　　图1-80　　　图1-81

　　使用任意套索或选框类工具时，可以在工具选项栏的"羽化"选项中提前设置"羽化"值，如图1-82所示。这样可以创建出带有羽化效果的选区。如果想要对现有的选区进行羽化，可以用"选择"菜单中的"选择并遮住"或"修改"|"羽化"命令来操作。

羽化：10像素

图1-82

选区运算

　　选区在创建以后可以进行修改，但需要提前在工具选项栏中设置修改方法，如图1-83所示。

添加到选区 ——┐　　　┌—— 从选区减去
新选区 —— [图标] —— 与选区交叉

图1-83

　　例如，使用矩形选框工具 [图标] 创建一个矩形选区，如图1-84所示，如果想让它的一部分变成圆形选区，就需要选择椭圆选框工具 [图标]，然后单击工具选项栏中的添加到选区按钮 [图标]，之后再创建选区，这样就可以让这两个选区合二为一，如图1-85所示。否则，新创建的圆形选区会替换掉之前的矩形选区。

图1-84　　　　　　图1-85

　　这种图像中已经有选区的情况下，再创建选区时所面临的新选区与现有选区之间怎样"相处"的问题称为选区运算。它还包括另外两种结果。一种是单击从选区减去按钮 [图标]，之后可以在原有选区中减去新创建的选区，如图1-86所示。另一种是单击与选区交叉按钮 [图标]，之后创建选区时，只保留原有选区与新创建的选区相交的部分，如图1-87所示。

图1-86　　　　　　图1-87

　　新选区 [图标] 按钮的用途是不进行选区运算，即如果图像中没有选区，可以创建一个选区。如果有选区存在，则新创建的选区会替换掉原有的选区。

1.4.6 蒙版

图层蒙版

　　图层蒙版是一个附加在图层上的灰度图像，用来控制图层的显示程度（使用原理请参阅第35页"2.5.5用图层蒙版控制透明度"一节）。它主要用于图像合成，如图1-88所示，以及控制各种包含图层蒙版的功能的效果范围。除矢量工具外，几乎所有的绘画类、修饰类、选区类工具，以及滤镜都可以编辑它。例

如，可以用画笔工具 [图标] 对蒙版进行局部处理。用渐变工具 [图标] 创建平顺的、渐进的图像融合效果。

照片素材

用图层蒙版将背景完全遮挡住，只留下人物

将人物合成到新的背景中

图1-88

图层蒙版基本操作

任务	方法
添加图层蒙版	单击一个图层，单击"图层"面板底部的 [图标] 按钮，即可为其添加图层蒙版
复制图层蒙版	按住Alt键，将一个图层的蒙版拖至另外的图层，可以将蒙版复制给目标图层
取消链接	在"图层"面板中，图像缩略图与蒙版缩览图中间有一个链接图标 [图标]，它表示图像与蒙版处于链接状态，此时进行变换操作，如旋转、缩放时，它们会一同变换。单击 [图标] 图标，可以取消链接，此后可单独变换图像或蒙版
停用图层蒙版	按住Shift键单击蒙版的缩览图，可以暂时停用蒙版，它上方会出现一个红色的"×"。如果要恢复蒙版，可单击蒙版缩览图
删除图层蒙版	使用"图层"|"图层蒙版"|"删除"命令，可以删除图层蒙版

技巧

创建图层蒙版后，同一个图层中既有图像、又有蒙版，此时编辑操作将应用于蒙版。如果想编辑图像，应单击图像缩览图，然后再进行操作。有一个小技巧可以帮助我们确认当前编辑的对象是哪一个。即观察图像和蒙版缩览图，四角有边框的表示其处于当前编辑状态。

图像处于编辑状态

蒙版处于编辑状态

剪贴蒙版

选择两个或多个上下相邻的图层，执行"图层"|"创建剪贴蒙版"命令，可以将它们创建为一个剪贴蒙版组。在这个剪贴蒙版组中，位于最下方的图层（也称基底图层）控制它上方图层（也称内容图层）的显示范围。也就是说，内容图层只能在基底图层的形状范围内显示，超出的部分将会被隐藏起来，如图1-89所示。

人像素材　　　　　画笔笔迹素材

创建剪贴蒙版后，人像只在画笔笔迹素材内部显示
图1-89

准确地说，是基底图层中像素的不透明度，决定了内容图层的显示范围和显示程度。例如，当基底图层像素的不透明度为100%时，内容图层与之对应的区域就会完全显示；当基底图层像素的不透明度为0%，内容图层与之对应的区域也会变得完全透明；

当基底图层像素的不透明度介于0%～100%之间时，内容图层与之对应的区域就会呈现出半透明效果。此外，如果使用移动工具 移动基底图层，则内容图层的显示区域也会随之改变，如图1-90所示。

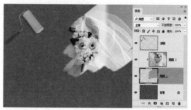
图1-90

剪贴蒙版组具有连续性特点，即必须是上下相邻的图层才能用于创建。调整图层的堆叠顺序时也应加以注意，否则会释放剪贴蒙版组。

剪贴蒙版基本操作

任务	方法
创建剪贴蒙版	按住Ctrl键分别单击各个图层，执行"图层"|"创建剪贴蒙版"命令（快捷键为Alt+Ctrl+G），即可将它们创建为一个剪贴蒙版组
将图层移入剪贴蒙版组	将一个图层拖曳到基底图层上方，可将其加入剪贴蒙版组中
释放单个内容图层	将内容图层拖出剪贴蒙版组，可释放该图层
释放剪贴蒙版	单击基底图层正上方的内容图层，执行"图层"|"释放剪贴蒙版"命令（快捷键为Alt+Ctrl+G），可以解散剪贴蒙版组，释放所有图层

1.4.7 色彩处理

Photoshop的"图像"|"调整"菜单中包含了大量调色工具。这其中既有专业的"色阶""曲线"命令，也有适合初学者使用的"色相/饱和度"等简单命令。这些调整工具可以对服装图片、服装效果图、纹理材质、图案、扫描的手稿和照片等进行调色处理，如图1-91和图1-92所示。

原图
图1-91

只调整裙子颜色
图1-92

对于有更高要求、希望得到配色帮助的用户，Adobe提供了外部支持。将计算机连接到互联网以后，可以使用"窗口"|"扩展功能"|"Adobe Color Themes"命令下载由在线设计人员创建的颜色组，如图1-93所示。也可访问Adobe公司旗下的Kuler网站进行在线配色，如图1-94所示。这些都能为服装配色提供参考和借鉴。

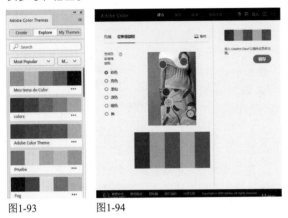

图1-93 　　　图1-94

1.4.8 图案与填充

使用现成的面料和图案素材

Photoshop的图像合成工具非常多，包括图层蒙版、剪贴蒙版、混合模式等。如果有现成的、适合利用的面料素材，可以用这些功能将其贴合到服装表面。这是一个简单易行的办法，效果非常真实，如图1-95所示。

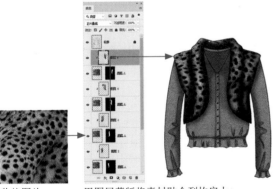

豹纹图片
图1-95

用图层蒙版将素材贴合到坎肩上

自定义图案并填充

图案、纹理和面料是时装画和服装效果图的重要表现内容。Photoshop提供了丰富的形状库，如图1-96所示。使用形状库中的现成图形可以快速创建各种样式的图案。同时，Photoshop也允许用户加载外部的形状库来使用。

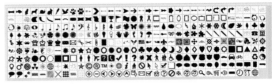

图1-96

绘制好图案、纹理或面料后，可以用"编辑"|"定义图案"命令将其保存起来，使之成为预设的图案。以后使用时，可以通过油漆桶工具、"填充"命令、"图层样式"命令这3种工具，将图案填充到画面中，之后再进行图像合成。图1-97所示显示了这一操作流程。另外，图层样式和滤镜也是制作图案、纹理和面料的强大工具。本书"第4章 图案"和"第5章 面料"对此有专门的讲述。

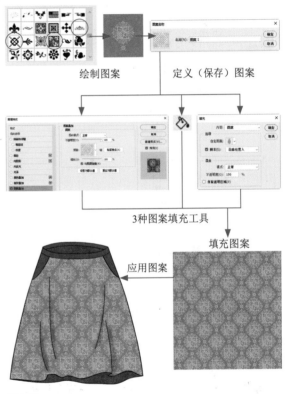

绘制图案　　　定义（保存）图案

3种图案填充工具

填充图案

应用图案

图1-97

提示

Point

将图像定义为图案后，它便成为预设图案，同时出现在油漆桶工具、图案图章工具、修复画笔工具和修补工具选项栏的下拉面板，以及"填充""图层样式"对话框中。

油漆桶工具

油漆桶工具是一个添加了填充功能的魔棒。使用时，在文档窗口中单击鼠标，它会像魔棒工具那样自动选择"容差"范围内的颜色，然后用用户设置的颜色或图案填充选中的区域。由于选择与填充是同步进行的，这一过程看不到选区。

"容差"在工具选项栏中设定。低"容差"值只填充与鼠标单击点颜色非常相似的其他颜色；"容差"值越高，对颜色相似程度的要求越低，填充的颜色范围越大。

在工具选项栏中将"填充"设置为"图案"后，打开"图案"下拉面板，单击 ⚙ 按钮，打开面板菜单，如图1-98所示。菜单底部是Photoshop提供的各种预设的图案库，选择其中的一个，就可以加载到"图案"下拉面板中使用。例如，图1-99所示为使用"自然"图案库的填充效果。

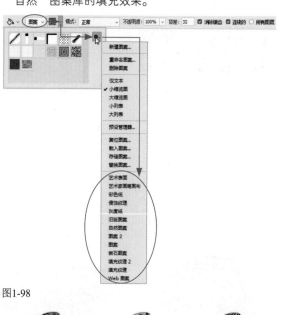

图1-98

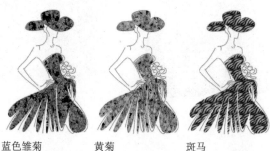

蓝色雏菊　　　黄菊　　　斑马

绸光　　　紫红布　　　地毯
图1-99

"填充"命令

"填充"命令除用于填充图案外，还可以填充前景色、背景色、用户自定义的颜色、历史记录和内容识别等内容。这些可以在"填充"对话框的"内容"下拉列表中选取，如图1-100所示。

选取填充内容以后，还可以设置它的混合模式和不透明度。如果只想对图层中包含像素的区域进行填充，即不想影响透明区域，可以选取"保留透明区域"选项。

图1-100

1.4.9 图层样式

图层样式也叫图层效果，可以创建水晶、玻璃、金属效果和各种纹理特效，在需要表现质感和立体效果时会经常用到它。例如图1-101所示的耳环。

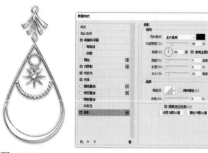

图1-101

如果要为图层添加样式，可以先单击图层，然后打开"图层"|"图层样式"菜单，或者单击"图层"面板底部的添加图层样式按钮 *fx*，打开下拉菜单，选择一个效果命令，打开"图层样式"对话框以后，再进行参数的设定。

"图层样式"对话框的左侧列出了10种效果。单击一个效果的名称，即可添加这一效果（显示"√"标记），并在对话框的右侧显示与之对应的选项，如图1-102所示。

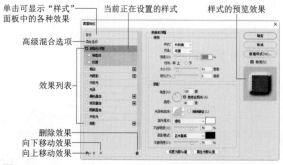

图1-102

设置效果参数并关闭对话框后，图层右侧会显示 *fx* 状图标和效果列表，如图1-103所示。如果要隐藏一个效果，可以单击该效果名称前的眼睛图标 👁 。如果要删除一种效果，可以将它拖曳到"图层"面板底部的 🗑 按钮上。单击█按钮可折叠（或展开）效果列表，如图1-104所示。

图1-103

图1-104

1.4.10 滤镜

滤镜是一种插件模块，可以改变像素的位置和颜色，从而生成特效，如图1-105所示。

原图（左）及用"粗糙蜡笔"滤镜处理后的效果（右图）从中可以看到像素的变化情况

图1-105

Photoshop的滤镜家族中有一百多个"成员"，都在"滤镜"菜单中，如图1-106所示。由于数量过多，"画笔描边""素描""纹理""艺术效果"滤镜组都被整合到了"滤镜库"中。因此，在默认状态下，"滤镜"菜单中没有这些滤镜，要使用它们，需要打开"滤镜库"才行。但这也不是绝对情况。执行"编辑"|"首选项"|"增效工具"命令，在打开的对话框中选取"显示滤镜库的所有组和名称"选项，是可以让所有滤镜都出现在"滤镜"菜单中的。

Photoshop中有很多滤镜是专为模拟绘画效果而设计的。例如，"粉笔和炭笔""绘图笔""水彩画纸""炭笔""彩色铅笔""粗糙蜡笔""油画"等。从滤镜的名称中，不难看出其用途和模拟的画种。这些滤镜基本上都在"素描"和"艺术效果"两

个滤镜组中。图1-107~图1-109所示为用滤镜制作的绘画效果。

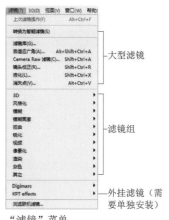
"滤镜"菜单
图1-106

模特图片
图1-107

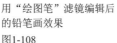
用"绘图笔"滤镜编辑后的铅笔画效果
图1-108

用"彩色铅笔"滤镜编辑后的彩铅效果
图1-109

需要承认的是，滤镜虽然可以简单、快速地将图像转换为绘画，但效果与手绘相比还是有一定差距的。它毕竟是一种"伪"画作。软件再厉害，也没有人的创造力强。不过，在这种"伪"画作的基础上，用Photoshop的绘画工具进行简单的修改和完善，可以弥补滤镜效果的不足，也能节省大量时间。在时间要求紧迫的情况下，这种方法是值得一试的。这也是Photoshop绘画创作的一种重要手段，很多优秀作品就是这样诞生的。

第2章 Photoshop 服装绘画工具

2.1 Photoshop中的绘画逻辑

如果将Photoshop中的绘画色彩——前景色比作传统绘画中使用的颜料，那么就会出现一个问题，前景色能表现哪种绘画颜料？要想找到答案，我们需将思维转换到"Photoshop模式"上才行。

在Photoshop中绘画使用的是颜色（前景色），而非颜料。它遵循这样的逻辑：与传统画具一样，在绘画前，也需要"调好颜料"，也就是设置好前景色。但前景色不代表全部，它只是颜料中色彩那一部分。而其他的，比如在画面中，颜料是像铅笔那样具有颗粒感，还是像马克笔那样流畅；是像水彩那样稀薄、透明，还是像水粉那样厚重、有覆盖力等，则需要通过笔尖的选择、笔尖参数的设定，以及工具选项的设置才能表现出来，而且这三者要很好地配合才行。手绘基础好的人，如果笔尖选择不恰当，参数设定不准确，甚至连各个参数的用途都不清楚，是不能充分发挥Photoshop工具效力的，也无法画出好的时装画。图2-1所示为Photoshop绘画操作流程。

1.设置前景色

2.选择画笔工具（或其他绘画工具）

3.选择笔尖

4.设置工具参数

5.设置笔尖参数

6.绘画

图2-1

　　相对于传统绘画技法需要大量实践来积累经验而言，Photoshop的工具要简单得多，也有规律可循。

例如，在绘画笔触的表现方面，它把笔尖分成了很多种，有圆形笔尖、硬毛刷笔尖、水彩笔尖、粉笔笔尖、蜡笔笔尖等这些自然画笔，即模拟传统绘画工具的笔尖；也有布团、海绵、网格等人造材质的笔尖。它们都在"画笔"面板中。

　　选择了一个笔尖以后，就可以在"画笔设置"面板中对笔尖属性进行设定了。这一步很关键。因为选择笔尖时，Photoshop只给出它的通用参数，这些参数控制笔尖的属性，让它产生特殊的绘画笔触。在多数情况下，这并不能满足我们的个性化要求。例如"碳纸蜡笔"笔尖，如图2-2所示。可以看到，它非常真实地模拟了蜡笔在粗糙素描上的绘画效果。但如果我想表现的是在那种半干未干的水彩上用蜡笔勾勒、涂抹的效果时，这种蜡笔的覆盖力就有点过强了。很明显，在潮湿的颜料上，蜡笔是很难着色的。那怎样才能减少蜡笔覆盖区域呢？这需要调整"散布"值，增加笔触中的留白，才能更多地呈现画面底色——水彩，如图2-3所示。

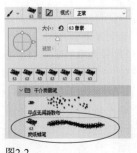

图2-2

增加笔触中的留白区域
在笔触下方衬水彩画

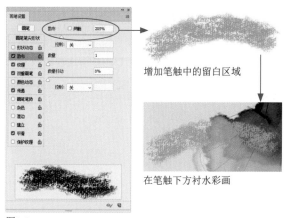

图2-3

笔尖参数设置好以后，基本上就可以进行绘画了。但有一些情况还需要作进一步处理。例如，如果要表现的是水彩画，那就需要调整工具选项栏中的“不透明度”参数（参见第34页），增加颜料的透明度，这个参数越低，颜料越稀薄、越透明，就像在水彩颜料里增加水的比例一样。如果表现的是喷枪效果，则需要单击喷枪按钮，开启这一功能后，按住鼠标按键不放，就会像喷枪一样持续地喷洒颜料。要想操作更接近真实效果，还需要配合“流量”参数来控制颜料的堆积速度。

以上介绍的这些在绘画之前依据所要模拟的绘画效果而进行的参数设定，以及考虑的细节因素，就是要阐述这样一个道理：用Photoshop绘画，造型准确只是一个方面，它依赖于个人的绘画能力，即传统的手绘功底，这要靠大家的各自修为；而绘画效果的再现能力，即要表现哪个画种、哪些效果，能否惟妙惟肖、以假乱真，则是本书所要讲授的技能。下面的章节，将就参数如何影响笔尖属性展开讲解。这些内容不需要短时间内掌握，但其中的某些重要选项是应该熟悉和运用好的。

2.2 Photoshop中的画笔和操作技巧

Photoshop中用于绘制服装画和时装效果图的工具，主要有画笔工具、铅笔工具和橡皮擦工具（见35页）。它们的使用方法非常简单，可以在画面上单击，就像用水彩笔在画纸上点按一样；也可以单击并拖曳鼠标，在绘制线条和大面积涂色时用这种方法。

2.2.1 选取绘画颜色

“工具”面板底部包含前景色（黑色）、背景色（白色）、切换及恢复这两种颜色的图标，如图2-4所示。前景色是绘画“颜料”，背景色在使用渐变工具和橡皮擦工具时会用到。

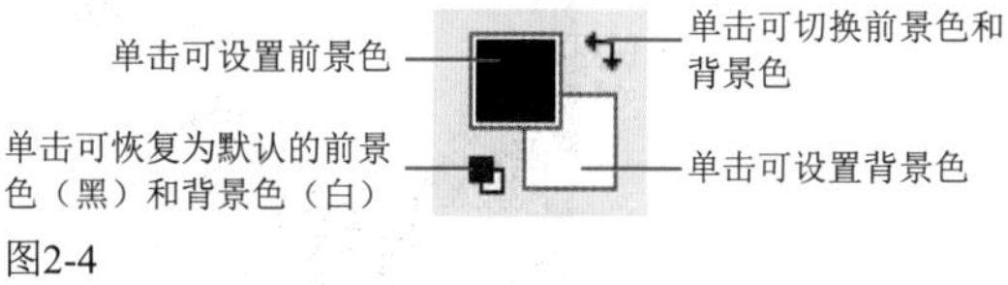

单击可设置前景色
单击可切换前景色和背景色
单击可恢复为默认的前景色（黑）和背景色（白）
单击可设置背景色

图2-4

Photoshop提供了“拾色器”“色板”和“颜色”面板等颜色选取工具，就像是3个调色盘。它们支持不同的颜色模型（用数值描述颜色的数学模型）及配色方法。

单击“工具”面板中的设置前景色或背景色图标，可以打开“拾色器”。在默认状态下，“拾色器”使用的是HSB颜色模型。H代表色相，S代表饱和度，B代表亮度。竖直的颜色条用来选取色相，左侧的色域可调整色彩的饱和度和亮度，如图2-5所示。

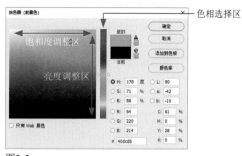

色相选择区
饱和度调整区
亮度调整区
确定
取消
添加到色板
颜色库
只有 Web 颜色

图2-5

> **提示** Point
>
> 按Alt+Delete快捷键，可以在图像中填充前景色；按Ctrl+Delete快捷键可以填充背景色。操作时如果同时按住Shift键，可以只填充图层中包含像素的区域，不会影响透明区域。

“颜色”面板比“拾色器”简单。如果要编辑前景色，可以单击前景色块；要编辑背景色，则单击背景色块。之后便可在R、G、B文本框中输入数值，或通过拖曳滑块来设置颜色。

"颜色"面板还可以像调色盘一样混合颜色。例如,选取红色后,如图2-6所示,拖曳G滑块,便可在红色中混入黄色,得到橙色,如图2-7所示。

单击此色块可设置前景色
单击此色块可设置背景色

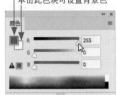

图2-6　　　　　　　　图2-7

"色板"面板中提供了122种预设颜色,单击其中的一个,即可将其设置为前景色,如图2-8所示。按住Ctrl键单击,可将其设置为背景色,如图2-9所示。通过"拾色器"或"颜色"面板调出某种常用颜色后,可以单击"色板"面板底部的 ⬇ 按钮,将它保存到"色板"面板中,作为预设的颜色来使用。

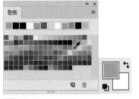
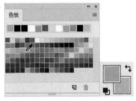

图2-8　　　　　　　　图2-9

2.2.2 画笔工具

画笔工具 ✎ 是绘制服装画最重要的工具。但在Photoshop中,绘画并不是它的首要任务,它主要用于修改蒙版和通道。图2-10所示为该工具的选项栏。

图2-10

● 模式:在下拉列表中可以选择画笔笔迹颜色与下层像素的混合模式(混合模式参见第36页)。

● 不透明度:用来设置画笔的不透明度。降低不透明度后,绘制出的内容会呈现一定的透明效果。当笔迹重叠时,会出现重叠效果,如图2-11所示。需要注意的是,使用画笔工具时,每单击一次鼠标,便被视为绘制一次。如果在绘制过程中始终按住鼠标按键不放,则无论在一个区域怎样涂抹,都被视为绘制一次,因此,这样操作不会出现笔迹重叠。

● 流量:用来设置颜色的应用速率。"不透明度"选项中的数值决定了颜色透明度的上限。可以这样理解,在某个区域上进行绘画时,如果一直按住鼠标按键不放,颜色量将根据流动速率增大,直至达到不透明度设置。例如,将"不透明度"和"流量"都设置为60%,在某个区域如果一直按住鼠标按键不放,颜色量将以60%的应用速率逐渐增加(其间画笔的笔迹会出现重叠效果),并

最终到达"不透明度"选项所设置的数值,如图2-12所示。除非在绘制过程中放开鼠标,否则无论在一个区域上绘制多少次,颜色的总体不透明度都不会超过60%(即"不透明度"选项所设置的上限)。

在此处反复移动鼠标(不透明度值达到60%)

鼠标运行轨迹

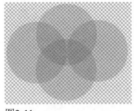
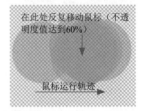

图2-11　　　　　　　　图2-12

● 喷枪 ✍ :单击该按钮,可以开启喷枪功能,此时在一处位置单击后,按住鼠标按键的时间越长,颜色堆积得越多。"流量"越高,颜色堆积的速度越快,直至达到所设定的"不透明度"值。在"流量"设置较低的情况下,会以缓慢的速度堆积颜色,直至达到"不透明度"值。再次单击该按钮,可以关闭喷枪功能。

● 平滑:可以对画笔笔迹进行智能平滑处理。Photoshop提供了几种平滑模式,可以单击 ⚙ 按钮,打开下拉面板进行选择。

● 绘图板压力按钮 ✍✍ :单击这两个按钮后,在数位板上绘制时,压感笔的压力大小变化可以改变画笔工具的"不透明度"和"大小"参数。

提示　　　　　　　　　　　　　　　*Point*

专业绘画最好用数位板。数位板由一块画板和一支无线的压感笔组成,就像画板和画笔。使用压感笔在数位板上作画时,随着笔尖在画板上着力的轻重、速度,以及角度的改变,绘制出的线条会产生粗细和浓淡等变化,与在纸上画画的感觉几乎没有区别。安装了数位板后,在Photoshop"画笔设置"面板的各个选项组中选择"钢笔压力"选项,就可以通过压感笔的压力控制画笔的大小、硬度和角度等。

在Wacom数位板上画画

2.2.3 铅笔工具

用缩放工具 🔍 放大视图比例,观察画笔工具 ✎ 绘制的线条就会看到,线条边缘呈现柔和效果。即便使用的是尖角笔尖绘制的线条也是如此。这是铅笔工具 ✎ 所不具备的特点。铅笔工具 ✎ 只能绘制清晰的线

条，即真正意义上的硬边。这是二者的根本区别。

在使用相同的笔尖的情况下，用画笔工具 ✐ 画线稿时，笔触的宽度是有变化的，也能体现墨色的浓淡效果，如图2-13所示。而用铅笔工具 ✐ 画的线稿中，笔触的宽度始终是一致的，如图2-14所示，细小的曲线线条还容易出现锯齿。

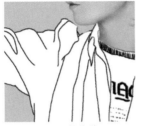

用画笔工具画的线稿
图2-13

用铅笔工具画的线稿
图2-14

2.2.4 用快捷键操作绘画类工具

在绘画类和修饰类工具中，凡是以画笔形式使用的，都可以按下面的技巧操作。

● **画笔大小调节技巧**：按] 键，可以将画笔调大；按 [键，可以将画笔调小。

● **画笔硬度调节技巧**：如果当前使用的是实边圆、柔边圆和书法笔尖，按 Shift+[键，可以减小画笔硬度；按 Shift+] 键，可以提高画笔硬度。

● **不透明度更改技巧**：对于绘画类和修饰类工具，如果其工具选项栏中包含"不透明度"选项，则按键盘中的数字键，可以修改不透明度值。例如，按"1"键，工具的不透明度变为10%；按"75"键，不透明度变为75%；按"0"键，不透明度会恢复为100%。

● **笔尖更换技巧**：在使用可更换笔尖的绘画类和修饰类工具时，可以通过快捷键更换笔尖，而不必在"画笔"或"画笔设置"等面板中指定。例如，按 > 键，可以切换为与之相邻的下一个笔尖；按 < 键，可以切换为与之相邻的上一个笔尖。

● **直线绘制技巧**：使用画笔工具 ✐、铅笔工具 ✐、橡皮擦工具 ✐ 时，在画面中单击，然后按住 Shift 键在其他位置单击，两点之间会以直线连接。按住 Shift 键拖曳鼠标，则可以绘制水平、垂直或以45°角为增量的直线。

2.2.5 绘画失误怎么处理

"历史记录"面板能记录用户的50步操作行为，单击其中的一个记录，就可以撤销它之前的所有操作。由于使用画笔等绘画类工具时，每单击一下鼠标，就会被视为一次操作，并记录为一个步骤。因此，50步回溯就太少了。使用"编辑"|"首选项"|"性能"命令可以增加历史记录保存数量（在

"历史记录状态"选项中设置）。如果计算机内存比较小，就不要设置得过多，以免影响Photoshop的运行速度（Photoshop需要1GB内存才能流畅运行）。

但是，即便增加历史记录数量，也不能完全解决问题。因为从"历史记录"面板中记录的操作名称上，很难判断需要恢复的步骤在哪里。例如，在临摹徐悲鸿的奔马时，要靠无数次单击和涂抹操作来完成绘画，"历史记录"面板中记录的全是画笔工具，而不是完成了哪种效果，如图2-15所示。在这种状态下，历史记录越多，反而越难查找。

图2-15

如遇到上面的情况，可以用快照来解决问题。即每完成重要的绘画操作之后，都单击"历史记录"面板底部的创建新快照按钮 ◉，将图像的当前状态保存为快照，如图2-16所示。这样以后不论进行了多少步操作，只要单击快照，就可以恢复到它所记录的状态，如图2-17所示。如果想要更加便于识别，可以在快照的名称上双击，在显示的文本框中输入新名称，之后按 Enter 键即可。

图2-16　　　　图2-17

技巧

绘画时，如果想从不同的角度观察和处理画稿，可以使用旋转视图工具 ✐，在画布上单击并拖曳鼠标，使画布旋转，就像在纸上画画时旋转纸张一样。该工具只是临时改变画布角度，图像本身并没有被真正旋转。

2.3 笔尖

在Photoshop中绘画时，笔尖选择和参数设置，是获得不同效果笔触的关键。下面将就笔尖选取方法、笔尖的分类，以及参数设置等展开讲解。

2.3.1 "画笔"面板

如果只需要选择一个预设的笔尖并调整其大小，用"画笔"面板操作是比较简便的，如图2-18所示。在该面板中，所有笔尖被分到5个画笔组中，单击组前方的 > 按钮，可以展开组。

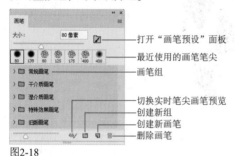

图2-18

如果在网上下载了画笔库，可以单击面板右上角的 ≡ 按钮，打开面板菜单，选择"导入画笔"命令，将其导入"画笔"面板中。在面板中按住Ctrl键，单击多个笔尖，将它们选取，执行面板菜单中的"导出选中的画笔"命令，可以将所选笔尖导出为一个独立的画笔库。

2.3.2 "画笔"下拉面板

"画笔"下拉面板在工具选项栏中，单击 ∨ 按钮即可打开它。它比"画笔"面板多了硬度、圆度和角度3种调整功能，如图2-19所示。

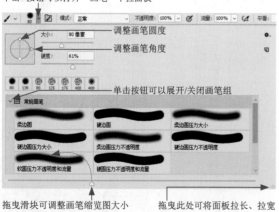

图2-19

如果绘画时不想被面板占用过多空间，可以通过"画笔"下拉面板选择笔尖、调整参数。绘画时，它会自动关闭。此外，在画面上单击鼠标右键也可打开它。

2.3.3 "画笔设置"面板

"画笔设置"面板中的笔尖没有"画笔"面板和"画笔"下拉面板多。但它的选项是最全的。使用时，单击各个选项的名称，使其处于勾选状态，面板右侧就会显示具体选项内容，如图2-20所示。需要注意，如果单击选项名称前面的复选框，则只能开启相应的功能，不显示选项。

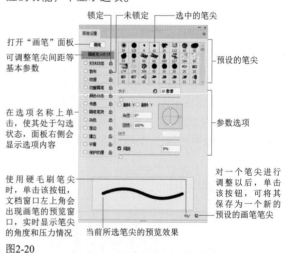

图2-20

2.3.4 笔尖分类

Photoshop中的预设笔尖分为5大类，如图2-21所示。

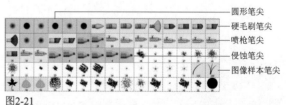

图2-21

圆形笔尖是比较常用的，可以绘画，也可以修改蒙版和通道。选择这种笔尖以后，将硬度设置为100%，可以得到尖角笔尖，它具有清晰的边缘，如图2-22所示；硬度低于100%是柔角笔尖，即边缘模糊，笔迹呈逐渐淡出效果，如图2-23所示。

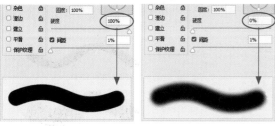

图2-22　　　　　　图2-23

硬毛刷笔尖可以绘制出十分逼真、自然的笔触。选择这种类型的笔尖后，单击"画笔设置"面板中的 按钮，文档窗口左上角会出现画笔的预览窗口。单击预览窗口，可以从不同的角度观察画笔。按住Shift键单击，会显示画笔的3D效果。在使用过程中，预览窗口还会实时显示笔尖的角度和压力变化情况，如图2-24所示。

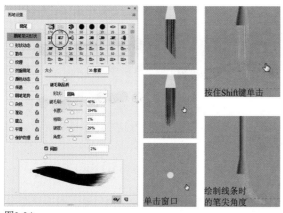

图2-24

喷枪笔尖的使用通过3D锥形喷溅的方式进行，如图2-25所示。使用数位板的用户，可以通过修改压感笔的压力来改变喷洒的扩散程度。

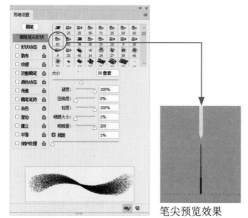

图2-25

侵蚀笔尖的效果类似于铅笔和蜡笔，使用时会自然磨损。在文件窗口左上角的画笔预览窗口中可以观察磨损程度，如图2-26所示。

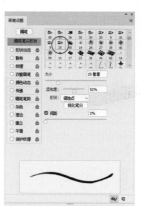

未使用的笔尖

使用后出现磨损的笔尖

图2-26

图像样本笔尖是用图像素材创建的，因此，它的绘画笔迹是由一个个图像组成的。

提示

使用硬毛刷笔尖、侵蚀笔尖和喷枪笔尖时，可单击"画笔设置"面板左侧的"画笔笔势"选项，并设置参数，来控制画笔的倾斜角度、旋转角度和压力。这些设置可以模拟压感笔，让我们获得更真实的手绘效果。

2.3.5 调整笔尖硬度

在"画笔设置"面板中，单击左侧的"画笔笔尖形状"选项后，可以通过面板右侧的"硬度"选项调整笔尖硬度。

对于圆形笔尖和喷枪笔尖，它控制的是画笔硬度中心的大小，该值越低，画笔边缘越柔和，透明度越高，颜色越稀薄，如图2-27和图2-28所示。对于硬毛刷笔尖，它控制的是毛刷的灵活度，该值较低时，笔尖更容易变形，如图2-29所示。

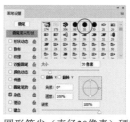

圆形笔尖（直径30像素）硬度分别为100%、50%、1%

图2-27

喷枪笔尖（直径80像素）硬度分别为100%、50%、1%

图2-28

25

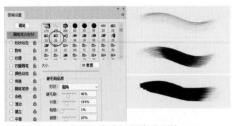

硬毛刷笔尖（直径36像素）硬度分别为100%、50%、1%
图2-29

2.3.6 让笔尖形状出现变化

在"画笔设置"面板中，"形状动态"选项可以改变所选笔尖的形状，让笔尖的大小、角度、圆度等出现变化，或者让笔尖沿X轴或Y轴翻转，如图2-30和图2-31所示。如果使用压感绘画，可以选取"画笔投影"选项，这样就能通过压感笔的倾斜和旋转来改变笔尖形状，而不必在面板中调整参数。

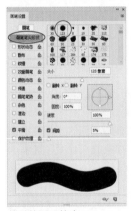
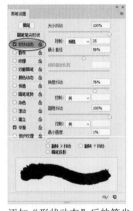

普通的圆形笔尖　　　　　　添加"形状动态"后的笔尖
图2-30　　　　　　　　　　图2-31

2.3.7 让笔迹呈发散效果

笔尖是一种基本的图像单元。Photoshop将每个图像单元之间的间隔设置得非常小，大概在其自身大小的1%~5%左右，这样在绘画时，图像之间的衔接就十分紧密，我们看到的就是一条绘画笔迹，即一条线，而非一个个的图像。例如，图2-32所示的笔尖，如果将它的"间距"值调大，就能看清单个笔尖图像，如图2-33所示。

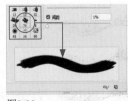
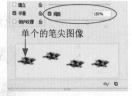

图2-32　　　　　　　　　　图2-33

由此可见，增加笔尖的"间距"值，可以让笔迹发散开。但这种效果是固定的，有规律的，也是不自

然的。更好的办法是勾选"画笔设置"面板左侧列表的"散布"选项，并设置参数，这样画笔笔迹就会在鼠标运行轨迹周围随机发散，如图2-34所示。

普通笔尖绘制的线条

设置"散布"后绘制的线条

图2-34

如果要控制笔迹的发散程度。可以通过"散布"选项来调节。例如，选择圆形笔尖，将"散布"值设置为100%，这就表示散布范围不超过画笔大小的100%。如果选取"两轴"选项，则画笔基于鼠标运行轨迹径向分布，此时笔迹会出现重叠，如图2-35所示。如果不希望出现过多的重复笔迹，可以将"数量"值调低。

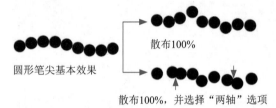

散布100%

圆形笔尖基本效果

散布100%，并选择"两轴"选项

图2-35

2.3.8 让笔迹中出现纹理

当需要表现在纹理感较强的画纸上绘画的效果时，一般通过3种方法操作。第1种是使用画纸素材，将画稿衬在其上方，设置"正片叠底"混合模式，让纹理透过画稿显现出来，如图2-36和图2-37所示；第2种是对画稿应用"纹理化"滤镜，生成纹理，如图2-38所示；第3种是调整笔尖设置，然后再绘画，让画笔笔迹中出现纹理，其效果就像是在带纹理的画纸上绘画一样，如图2-39所示。

原始画稿　　　　　　　　　将画稿衬在纹理素材上方
图2-36　　　　　　　　　　图2-37

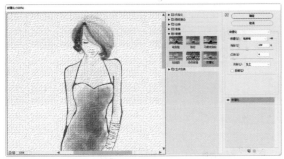

用"纹理化"滤镜生成纹理
图2-38

普通笔尖绘画效果　　　　添加纹理后的绘画效果
图2-39

如果想要让笔迹中出现纹理，可以单击"画笔设置"面板左侧列表的"纹理"选项，之后单击图案缩览图右侧的 按钮，打开下拉面板选择纹理图案。表现画纸效果需要加载相关的图案库，如图2-40所示。

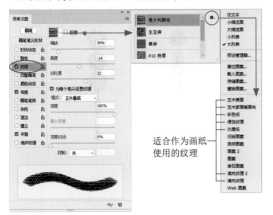

图2-40

这里有两个选项需要解释一下。"为每个笔尖设置纹理"选项，它可以让每一个笔迹都出现变化，在一处区域反复涂抹时效果更明显，如图2-41所示。取消选取该选项，则可以绘制出无缝连接的画笔图案，如图2-42所示。

图2-41　　　　　　　图2-42

"深度"选项控制颜料渗入纹理中的深度。该值为 0% 时，纹理中的所有点都接收相同数量的颜料，进而隐藏图案，如图2-43所示。该值为100%时，纹理中的暗点不会接收颜料，如图2-44所示。

深度0%　　　　　　　深度100%
图2-43　　　　　　　图2-44

2.3.9　双笔尖绘画

Photoshop给计算机绘画注入了大量新鲜元素，有些甚至超出我们的想象，双笔尖绘画就是一例。

操作时首先单击"画笔笔尖形状"选项，并选取第一个笔尖，如图2-45所示；然后单击"画笔设置"面板左侧的"双重画笔"选项，并选取第二个笔尖，如图2-46所示。这样就可以为画笔同时安装两个笔尖，一次绘制出两种笔迹（只显示这两种笔迹重叠的部分）。

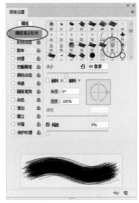 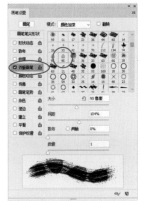

选择第一个笔尖　　　　选择第二个笔尖
图2-45　　　　　　　图2-46

2.3.10　一笔画出多种颜色

使用传统画笔绘制水彩和水粉画时，可以在画笔上蘸几种颜色，画出多种颜色。Photoshop的笔尖目前还只能使用一种颜色绘画。但我们可以为颜色添加动态控制，这样也能一笔绘制出多种颜色（实例在第115页）。它的设置方法是选中"画笔设置"面板左侧的"颜色动态"选项，然后在面板右侧调整参数，如图2-47所示。

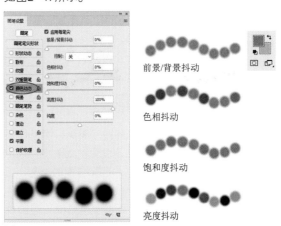

前景/背景抖动

色相抖动

饱和度抖动

亮度抖动

图2-47

有几个参数的名称有"抖动"二字。"抖动"就是变化的意思。例如，"前景/背景抖动"，就是让"颜料"在前景色和背景色之间改变颜色。另外几个"抖动"可以让颜色的色相、饱和度和亮度产生变化。"纯度"选项可以控制饱和度的高低。该值越大，色彩的饱和度越高。

"应用每笔尖"这个选项用来控制笔迹变化。选取它以后，绘制时可以让笔迹中的每一个基本图像单元都出现变化；取消选取，则每绘制一次变化一次，绘制过程中不会发生改变，如图2-48和图2-49所示。

选取"应用每笔尖"选项绘制3次
图2-48

未选取"应用每笔尖"选项绘制3次
图2-49

2.3.11 为笔触添加变化控制

在"画笔设置"面板左侧的选项列表中，"形状动态""散布""纹理""颜色动态""传递"选项都包含抖动设置，如图2-50所示。虽然名称不同，但用途是一样的，即让画笔的大小、角度、圆度，以及画笔笔迹的散布方式、纹理深度、色彩和不透明度等产生变化。

单击"控制"选项右侧的 ∨ 按钮，可以打开下拉列表，如图2-51所示。这里的"关"选项不是关闭抖动的意思，它表示不对抖动进行控制。如果想要控制抖动，可以选择其他几个选项，这时，抖动的变化范围就会被限定在抖动选项所设置的数值到最小选项所设置的数值之间。

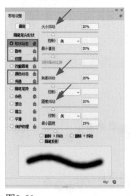
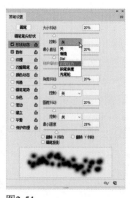

图2-50

图2-51

例如，选择图2-52所示的圆形笔尖，然后调整它的形状动态，让圆点大小出现变化。如果将"大小抖动"设置为50%，当前选择的是30像素的画笔，因此，最大圆点为30像素，最小圆点用30像素×50%计算得出，即15像素，那么画笔大小的变化范围就是15像素~30像素。在此基础上，"最小直径"选项进一步控制最小圆点的大小，例如，如果将其设置为10%，则最小圆点就只有3像素（30像素×10%），

如图2-53所示。

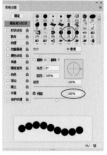

图2-52

图2-53

如果使用"渐隐"选项来对抖动进行控制，可在其右侧的文本框中输入数值，让笔迹逐渐淡出。例如，将"渐隐"设置为5，"最小直径"设置为0%，则在绘制出第5个圆点之后，最小直径变为0，此时无论笔迹有多长，都会在第5个圆点之后消失，如图2-54所示。如果提高"最小直径"，例如将其设置为20%，则第5个圆点之后，最小直径变为画笔大小的20%，即6像素（30像素×20%），如图2-55所示。

鼠标移动方向和距离

鼠标移动方向和距离

渐隐5、最小直径0%
图2-54

渐隐5、最小直径20%
图2-55

在"控制"下拉列表中，"钢笔压力""钢笔斜度"和"光笔轮"选项是专为数位板配置的。使用压感笔绘画时，可通过钢笔压力、钢笔斜度等来控制抖动变化。

2.3.12 其他控制选项

"画笔设置"面板最下面几个选项是"杂色""湿边""建立""平滑""保护纹理"，如图2-56所示。它们没有可供调整的数值，如果要启用一个选项，将其选取即可。

● 杂色：在画笔笔迹中添加干扰形成杂点。画笔的硬度值越低，杂点越多，如图2-57所示。

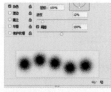

图2-56

硬度值分别为0%、50%、100%
图2-57

● 湿边： 画笔中心的不透明度变为60%， 越靠近边缘颜色越浓， 效果类似于水彩笔。 画笔的硬度值影响湿边范围， 如图2-58所示。

硬度值分别为0%、 50%、 100%

图2-58

● 建立： 将渐变色调应用于图像， 同时模拟传统的喷枪技术。 该选项与工具选项栏中的喷枪选项相对应， 选取该选项， 或单击工具选项栏中的喷枪按钮 🖌， 都能启用喷枪功能。

● 平滑： 在画笔描边中生成更平滑的曲线。 当使用压感笔进行快速绘画时， 该选项最有效。

● 保护纹理： 将相同图案和缩放比例应用于具有纹理的所有画笔预设。 即使用多个纹理画笔笔尖绘画时， 笔迹中的画布纹理是一致的。

2.4 怎样模拟传统绘画的笔触

用Photoshop模拟传统绘画笔触主要有两种方法， 一种是选择特定的笔尖， 并设置好参数后， 用画笔工具 🖌 进行绘制。如果在数位板上绘画， 可以得到最接近于传统的手绘效果。如果没有配置数位板， 就只能用鼠标绘画了， 涂抹大片区域还好， 但轮廓和线稿就不容易控制。在这种情况下， 可以通过另一种方法， 即用钢笔工具 ✒ 绘制好轮廓或线条， 再对路径进行描边， 使之成为绘画笔触。笔触效果将呈现所选工具及笔尖绘画效果， 这是一种模拟手绘的常用方法。

2.4.1 铅笔笔触

01 打开服装效果图素材。单击图2-59所示的路径层， 将其选取， 此时文档窗口中会显示该路径图形， 如图2-60所示。

隐藏。

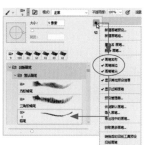

图2-61

图2-62

图2-59　　　　图2-60

02 选择画笔工具 🖌。打开 "画笔" 下拉面板的菜单， 选择 "画笔名称" "画笔描边" 和 "画笔笔尖" 3个选项， 以列表的形式显示画笔名称、 笔触缩览图和笔尖缩览图。这样便于查找所需笔尖， 而且可以预览笔尖效果。展开 "旧版画笔" | "默认画笔" 列表， 选择 "铅笔" 笔尖， 如图2-61所示。

03 单击 "图层" 面板底部的 🔲 按钮， 新建一个图层， 如图2-62所示。单击 "路径" 面板底部的 ⭕ 按钮， 用所选的画笔笔尖描边路径， 如图2-63所示。在 "路径" 面板底部的空白处单击， 取消路径的选择， 如图2-64所示， 此时文档窗口中的路径也会被

图2-63　　　　图2-64

04 将光标放在 "路径2" 层的缩览图上， 按住Ctrl键单击， 如图2-65所示， 从该路径（裙子）中将选区加载到画面上， 如图2-66所示。单击 "图层" 面板底部的 🔲 按钮， 新建一个图层。按Ctrl+Delete快捷键填充背景色（白色）， 按Ctrl+D快捷键取消选

择。执行"滤镜"|"杂色"|"添加杂色"命令，在打开的对话框中选取"单色"选项，设置参数，如图2-67所示，在选区内生成杂点，如图2-68所示。

图2-65　　　　　　　图2-66

图2-67　　　　　　　图2-68

05 执行"滤镜"|"模糊"|"动感模糊"命令，让杂点变为斜线，如图2-69和图2-70所示。

图2-69　　　　　　　图2-70

06 按Ctrl+L快捷键打开"色阶"对话框，将滑块拖曳到图2-71所示的位置，增强色调的对比度，使线条明确具体，如图2-72所示。

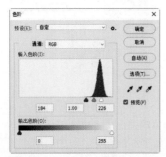

图2-71　　　　　　　图2-72

07 选择橡皮擦工具 ，在工具选项栏的"画笔"下拉面板中选择"柔边圆"笔尖，设置"大小"为30像素，"不透明度"为60%，如图2-73所示。适当擦除裙子褶皱处的线条，使线条呈现出深、浅变化，如图2-74所示。

图2-73　　　　　　　图2-74

2.4.2　彩色铅笔笔触

　　彩铅笔触的制作方法与单色铅笔大致相同。但由于线条是彩色的，有两个步骤需要做一些调整。

01 使用前一个实例的素材。将前景色设置为洋红色，如图2-75所示。单击"路径"面板中的"路径1"，再单击面板底部的 按钮进行描边，这样便可得到彩色铅笔轮廓，如图2-76所示。

图2-75　　　　　　　图2-76

02 按住Ctrl键，单击"路径2"层的缩览图，将裙子选区加载到文档窗口中。新建图层并填充白色。执行"滤镜"|"杂色"|"添加杂色"命令，打开对话框以后不要选取"单色"选项，如图2-77所示。这样可以生成彩色杂点，如图2-78所示。下一步杂点变为斜线时，得到的便是彩色线条。

图2-77　　　　　　　图2-78

03 用"动感模糊"滤镜制作斜线,如图2-79所示。然后用橡皮擦工具 ✎ 对裙子褶皱处的线条进行擦拭,效果如图2-80所示。

图2-79　　　　　图2-80

2.4.3　蜡笔笔触

01 单击"图层"面板底部的 ◻ 按钮,新建一个图层。选择画笔工具 ✐,在"画笔"下拉面板中选择"蜡笔"笔尖,设置"大小"为4像素,如图2-81所示。将前景色设置为橙色。在"路径"面板中单击"路径1",再单击面板底部的 ◯ 按钮,描边路径,如图2-82所示。

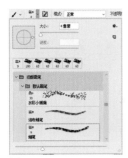

图2-81　　　　　图2-82

02 以上是用默认参数描绘的效果。如果想让线条边缘更有质感,可以对参数做出调整。先按Ctrl+Z快捷键撤销描边操作,然后选中"画笔设置"面板左侧的"散布"选项,并设置参数,如图2-83所示。之后再用画笔描边路径,效果如图2-84所示。可以看到,前一种效果就像是用蜡笔在光滑的纸张上绘画(如图2-82所示);而后一种线条变化更加剧烈,就像是在粗糙的纸上绘画一样。

图2-83　　　　　图2-84

03 下面来给裙子填色,模拟蜡笔涂色效果。这一次使用渐变工具 ▦ 和滤镜来完成。按住Ctrl键单击"路径2"的缩览图,将路径(裙子)中的选区加载到画面上,如图2-85和图2-86所示。

图2-85　　　　　图2-86

04 选择渐变工具 ▦,单击工具选项栏中的径向渐变按钮 ◉,在"渐变"下拉面板中选择图2-87所示的渐变。在选区内单击并拖曳鼠标填充径向渐变。按Ctrl+D快捷键取消选择,如图2-88所示。

图2-87　　　　　图2-88

05 执行"滤镜"|"模糊"|"高斯模糊"命令,进行模糊处理,使渐变颜色,尤其是边缘变得模糊、柔和,如图2-89和图2-90所示。

图2-89　　　　　图2-90

06 执行"滤镜"|"纹理"|"纹理化"命令,打开"滤镜库"。在"纹理"下拉列表中选择"粗麻布"选项,设置参数,如图2-91所示,使图像产生粗糙的纹理质感。单击对话框右下方的 ◻ 按钮,添加一个效果图层。在"艺术效果"滤镜组上单击,展开列表,单击"粗糙蜡笔"滤镜,设置参数如图2-92所

示。这两个滤镜会同时应用于裙子图像。按Enter键关闭对话框。

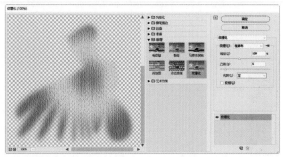

图2-91

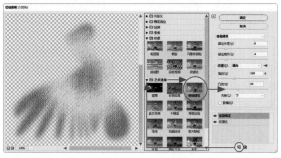

图2-92

07 按Ctrl+[快捷键，将该图层向下移动一个顺序，调整到蜡笔线条所在的图层下方，如图2-93所示，让蜡笔线显示出来，如图2-94所示。

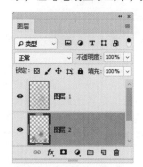

图2-93　　　　　　　　　图2-94

08 如果想改变蜡笔颜色，可以单击"调整"面板中的 按钮，创建"色相/饱和度"调整图层，调整色相参数，如图2-95和图2-96所示。

图2-95　　　　　　　　　图2-96

2.4.4 马克笔笔触

01 单击"图层"面板底部的 按钮，新建一个图层。选择画笔工具 ，在"画笔"下拉面板中选择"小圆头水彩笔"笔尖，如图2-97所示。将前景色设置为洋红色（R：228，G：0，B：127）。在"路径"面板中单击"路径1"，单击面板底部的 按钮，描边路径，如图2-98所示。

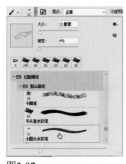

图2-97　　　　　　　　　图2-98

02 按住Ctrl键，单击"图层"面板底部的 按钮，在当前图层下方新建一个图层，如图2-99所示。将画笔大小调整为100像素，如图2-100所示。

图2-99　　　　图2-100

03 将前景色设置为浅粉色（R：241，G：158，B：194），在裙子内部上色。操作时要一笔一笔地涂抹，而且不要全部涂满，要能见到笔触，如图2-101所示。将前景色设置为浅洋红色（R：234，G：104，B：162），绘制裙子的阴影，如图2-102所示。

图2-101　　　　图2-102

2.4.5 水彩笔笔触

01 新建一个图层。选择画笔工具 ，在"画笔"下拉面板中选择"水彩小溅滴"笔尖，设置

"大小"为5像素,如图2-103所示。将前景色设置为黄色(R:255,G:241,B:0)。在"路径"面板中选择"路径1",按住Alt键单击面板底部的 ⭕ 按钮,打开"描边路径"对话框,选取"模拟压力"选项,如图2-104所示,以便让路径会呈现粗细变化。

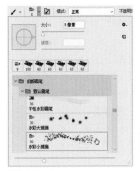

图2-103　　　　　　　　图2-104

02 单击"确定"按钮,用画笔描边路径,如图2-105所示。新建一个图层,如图2-106所示。

图2-105　　　　　　　　图2-106

03 调整前景色,如图2-107所示。再次描边路径。这一层紫色叠加在黄色描边上,可以形成自然、柔和的色彩变化,如图2-108所示。

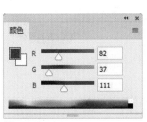

图2-107　　　　　　　　图2-108

04 执行"滤镜"|"其他"|"最小值"命令,设置半径为1像素,如图2-109所示。该滤镜可以扩展黑色像素,收缩白色像素,用这种方法可以使线条变粗,如图2-110所示。

05 执行"编辑"|"渐隐最小值"命令,打开"渐隐"对话框,设置"不透明度"为50%,将滤镜效果的强度降低一半,如图2-111和图2-112所示。

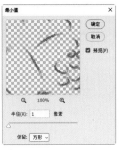

图2-109　　　　　　　　图2-110

图2-111　　　　　　　　图2-112

06 在线稿图层下方新建一个图层。在"画笔"下拉面板中选择"平扇形多毛硬毛刷"笔尖,设置"不透明度"为25%,如图2-113所示。在裙子上涂抹浅蓝色,如图2-114所示。

图2-113　　　　　　　　图2-114

07 用"柔边圆"笔尖在裙子上添加天蓝色和浅粉色,如图2-115所示。选择"水彩小溅滴"笔尖,在裙子上面涂些黄色,如图2-116所示。

图2-115　　　　　　　　图2-116

2.5 怎样表现透明度变化

马克笔和水彩都具有透明特征,它们对下方的图画或画纸不会形成完全的遮盖。水粉是一种不透明颜料,但如果涂得很薄,也会形成半透明的涂层,虽然色彩没有水彩鲜亮,但也能透出下方内容。透明效果在Photoshop中的具体表现是,位于当前绘画图层下方的图层(图像或背景)隐约可见。下面介绍几个绘画技巧,可以表现"颜料"的透明度变化。

2.5.1 调整工具的不透明度

画笔工具 、铅笔工具 和渐变工具 的选项栏都有"不透明度"选项,如图2-117所示。它可以控制"颜料"的透明。想让"颜料"透明,提前将这个数值调低即可,非常简单。下面是具体应用实例。

图2-117

01 按Ctrl+O快捷键,打开素材,如图2-118所示。单击"裙子"图层,将其选取。单击"图层"面板底部的 按钮,在其上方新建"图层1",如图2-119所示。按Alt+Ctrl+G快捷键,创建剪贴蒙版,如图2-120所示。用它来限定"图层1"的显示范围。下面绘画时,即使绘画范围超出了裙子区域,也不会显示的。

图2-118

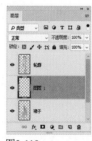
图2-119

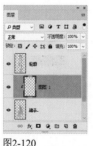
图2-120

02 选择画笔工具 ,设置"不透明度"为50%。在"画笔"下拉面板中选择"散布枫叶"笔尖,如图2-121所示。在"色板"面板中拾取"纯红橙"色作为前景色,如图2-122所示。

图2-121

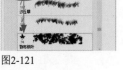
图2-122

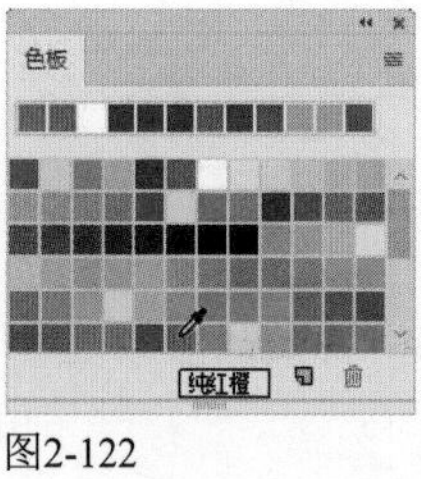

03 在裙子上单击并拖曳鼠标,绘制枫叶图案。由于画笔工具 修改了不透明度,枫叶会呈现半透明效果,如图2-123所示。如果画笔工具 的不透明度为100%,则枫叶将像图2-124所示的那样,完全遮挡住下方图像。

图2-123

图2-124

2.5.2 为笔尖添加不透明度变化

画笔工具 的不透明度设置成多少,绘制出的笔迹就会呈现与之相应的透明效果。如果觉得这样的效果缺少变化,可以在"画笔设置"面板中为笔尖的不透明度属性添加抖动,让不透明度出现变化,如图2-125所示。

普通笔尖绘制效果

为不透明度添加抖动后的绘制效果

图2-125

当提高"不透明度抖动"值,"流量抖动"值也调高以后,可以加大"颜料"流量的变化程度。如果想获得更强的变化效果,可以在"控制"下拉列表中选择"渐隐"选项,并设置范围。

计算机配置数位板以后,"湿度抖动"和"混合抖动"两个选项才可以使用。

2.5.3 将颜料擦薄

橡皮擦工具 ✒ 是用来擦除图像的工具。在默认状态下，它会将图像完全擦干净，一点也不留。如果降低它的"不透明度"值，例如，从100%调整为50%，如图2-126所示，则工具的"力道"就会变小，想要将图像清除掉，就需要多次擦拭才行。而在这一过程中，每擦一次，图像就会变得透明一些。因此，在"不透明度"值低于100%的状态下，使用橡皮擦工具 ✒ 可以将"颜料"擦薄，使其呈现透明效果，如图2-127和图2-128所示。

图2-126

原图
图2-127

将头发擦出透明效果
图2-128

2.5.4 调整图层的不透明度

如果图稿已经绘制好了，但出于效果的考虑，想让图像透明一些，以便其更好地融合到背景中，可以使用修改图层的不透明度的方法来操作。

图层的不透明度是一种调整图层内容显示程度的功能。默认状态下，图层的不透明度为100%，此时图层内容完全显示，并遮挡下方图层，如图2-129所示；低于100%时，就会呈现出一定的透明效果，这时，位于其下方的图层便显现出来，如图2-130所示。其规律就是，上方图层的不透明度值越低，下方图层所显现的内容就越清晰。如果将不透明度调整为0%，则图层就完全透明了，这就相当于将图层隐藏了一样，此时下方图层会完全显现。

图2-129

图2-130

2.5.5 用图层蒙版控制透明度

透明度处理方法探讨·······················

前面介绍了几种透明度的处理方法，我们来梳理一下它们的特点。

预先对画笔工具 ✐ 或其他绘画类工具的"不透明度"值做出调整，就可以绘制出呈现一定透明效果的笔触，这是最常用的方法。但要达到理想效果，还需要一些工具来配合。例如，绘制好图画以后，想要让某些线条或着色区域更加透明，就需要用橡皮擦工具 ✒ 进行擦拭。橡皮擦工具 ✒ 适合小范围的、细节的，或者局部修改使用。它会破坏图画（即图像），这一点是需要注意的。

或者也可以对图层的不透明度做出调整。这是一种简单、快速的方法，可以随时修改，而且不会损伤图像。只是它缺乏灵活性。在一个图层上，如果只想让某些区域呈现透明效果，甚至透明的程度也有所不同，就没有办法操作了。因为"不透明度"选项控制的是整个图层。

那么在这种情况下，是不是应该将所要编辑的图像分离到单独的图层上（即抠图），再调整它的不透明度呢？这种操作思路是可行的。但这是比较"笨"的方法。在Photoshop中，有一个可以对不透明度进行分区调节的高级工具——图层蒙版。

在大多数用过Photoshop的人，甚至有一定经验的人的固有印象里，图层蒙版是图像合成工具。之所以有这样的认知，一方面是做合成效果时，总是要用到图层蒙版；另一方面，则源于没有做深层次的思考。图像合成是什么？从表面上看，是用图层蒙版遮挡住不需要的图像，从而完成多幅图像的巧妙拼接与无缝合成。其实质则是图像透明度发生改变以后所呈现的结果。要想真正理解这其中的道理，就要从图层蒙版的作用原理去分析它。

图层蒙版的作用原理·······················

图层蒙版是一种灰度图像。灰度图像是没有色彩的，有的只是色调变化。变化范围从0（黑）~255

（白），即从纯黑过渡到纯白，共256级色阶，如图2-131所示。图层蒙版附加在图层上，其作用是对图层进行遮挡，使有些内容可见，有些则被隐藏。遮挡程度由灰色的强度（深、浅）来决定。有这样一个图层蒙版，它包含了黑色、白色和灰色3种颜色，以及从黑到白的渐变色过渡，它的遮挡效果如图2-132所示。

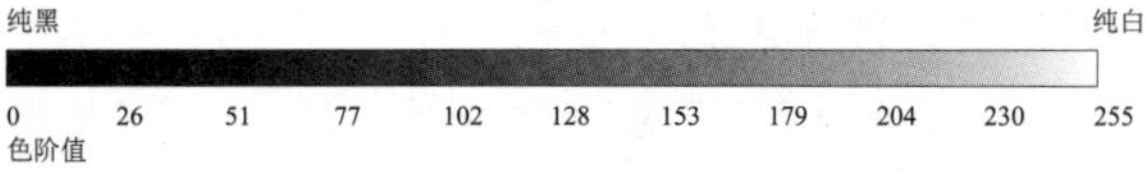

纯黑　　　　　　　　　　　　　　　　　　　　　　　　　纯白

| 0 | 26 | 51 | 77 | 102 | 128 | 153 | 179 | 204 | 230 | 255 |
色阶值

图2-131

在黑白渐变区域，图像从完全透明到完全显示　　白色处对应的图像完全显示　　灰色使图像呈现透明效果　　黑色完全遮挡图像

被蒙版遮挡的图像

图层蒙版

图2-132

　　可以看到，蒙版中纯白色区域所对应的图层内容是完全显示的。这就说明，白色的图层蒙版会将图层的不透明度设定为100%。再来看蒙版中的纯黑色区域，它对图层形成了完全遮挡。这是不是就相当于将图层的不透明度设定为0%？重点是蒙版中的灰色。它没有白色的色调浅，图像就不能100%地清晰显示；它也没有黑色的色调深，遮挡效果弱于黑色，也就不能将图层内容完全隐藏。这种介于显示和被隐藏之间的"朦胧"的状态，就会让图层内容呈现出一定的透明效果。其规律是灰色越深、越接近黑色，图层的透明度就越高。掌握了这一原理，就可以利用蒙版中的灰色来控制图层的透明度了。可以说，图层蒙版是控制透明度的顶级工具。道理非常简单，图2-132所示的这么多种透明度的变化，是用一个图层蒙版实现的。

2.6　怎样表现色彩融合效果

在绘画时，当笔迹出现重叠，颜料就会相互融合，这既是一种自然现象，也是绘画效果的表现技巧。在Photoshop中，色彩融合只有经过特别的设定才能创建，不会自然发生。

2.6.1　通过叠加笔触混合颜色

　　使用透明颜料绘画时，如马克笔和水彩，当不同颜色的笔触叠加以后，笔迹会叠透，其中的颜色也会相应地改变。

　　笔迹叠透，就是上层笔迹不会完全遮盖下层笔迹。这种效果在Photoshop中比较容易实现。例如，可以降低画笔工具的"不透明度"值，赋予"颜料"（前景色）透明属性，再进行绘画。或者是调整图层的不透明度，让图层之间产生混合。

　　但是这两种方法都不理想。从效果上看，在笔触发生叠透的同时，颜色也开始变淡。

　　比较好的解决办法是将需要叠加的笔触绘制在不同的图层上，然后为图层设置混合模式。如果需要在一个图层上绘画，可以先在工具选项栏中为画笔工具选择一种混合模式，再进行绘画。

　　混合模式可以让当前图层中的像素与下方图层中的像素以特殊的方式混合。与调整图层和工具的不透明度所形成的叠透效果相比，可以在叠透的基础上改变色相、明度和饱和度，形成丰富的变化。利用它的独特之处，可以让叠加在一起的"颜料"看上去像是融合了一样。图2-133~图2-135所示为这几种方法的区别。

未设置不透明度

图2-133

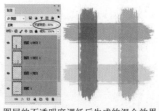

图层的不透明度调低后生成的混合效果

图2-134

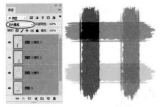

设置混合模式为"正片叠底"后生成的混合效果
图2-135

如果要为一个图层设置混合模式，需要先单击该图层，将其选取，然后单击"图层"面板顶部的 ⬧ 按钮，在打开的下拉列表中进行选择。具体操作时，可以在混合模式选项的上方双击鼠标，选项处会出现一个蓝色的细框，此时滚动鼠标中间的滚轮，或者按 ↓、↑键，即可快速切换混合模式。混合模式可以随时添加和修改，不会对图像造成损坏。

混合模式共27种，分为6组，每一组中的模式能产生相近的效果，如图2-136所示。在混合颜色上，比较接近于真实绘画效果的有"叠加""正片叠底""柔光""滤色"等。有些对色彩的改变较大，不适用于绘画，如"实色混合""差值"等。

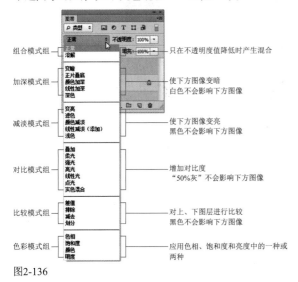

组合模式组 — 只在不透明度值降低时产生混合

加深模式组 — 使下方图像变暗 白色不会影响下方图像

减淡模式组 — 使下方图像变亮 黑色不会影响下方图像

对比模式组 — 增加对比度 "50%灰"不会影响下方图像

比较模式组 — 对上、下图层进行比较 黑色不会影响下方图像

色彩模式组 — 应用色相、饱和度和亮度中的一种或两种

图2-136

2.6.2 控制颜料的流动和扩散

使用水粉和水彩颜料绘画时，在尚未干燥的笔迹上再次描绘，颜料在重叠处会相互混合，并沿画笔的移动方向流动和扩散。这种效果在Photoshop中如何表现呢？

我们看颜料流动，其实是颜料形状发生改变，是一种变形。而颜料在发生扩散以后，则不只变形，还会与周围的颜料融合。因此，只要抓住变形和融合这两个特点，问题就能迎刃而解。

Photoshop中有很多变形功能，包括几个工具，以及"编辑"菜单中的"操控变形"命令，"编

辑"|"变换"菜单中的"扭曲""变形"命令，还有"液化"滤镜等。但能实现图像融合的并不多，涂抹工具 🖐 便是其中之一。

使用涂抹工具 🖐 在绘画笔迹上单击并拖曳鼠标，"颜料"就会沿着鼠标的移动方向"流动"。如果将移动范围扩大，则"颜料"还会呈现扩散效果，如图2-137和图2-138所示。

图2-137　　　　　　　　图2-138

这是一种非常真实的体验，与我们用手指去混合调色板上的颜料相似。我们能够感受到，在画布上，画笔在图像中留下划痕，颜料在流动、融合，甚至略带一点点迟滞。这一切不禁让人感叹，Photoshop实在是太强大了！

2.6.3 融合颜料

混合器画笔工具 ✏️ 是增强版的涂抹工具 🖐，它能更真实地模拟绘画技术，不仅可以混合画布上的颜色，还能混合画笔上的颜料（颜色）。更绝的是，它能在鼠标拖曳过程中，模拟不同湿度的颜料所产生的绘画痕迹，如图2-139和图2-140所示。

图片素材　　　　　　　用混合器画笔工具涂抹
图2-139　　　　　　　图2-140

下面通过制作服装面料来了解色彩融合的表现方法。服装面料图案可以使用日常生活中拍摄的花卉素材，在其基础上进行二次创作，通过混合器画笔工具 ✏️ 的编辑，将花卉变成抽象的图案，为服装效果图增添表现力。

01 按Ctrl+O快捷键，打开两个素材，如图2-141和图2-142所示。

图2-141　　　　　图2-142

02 使用移动工具 ✛ 将花朵拖入服装效果图文档中，放在"裙子"图层上方，如图2-143和图2-144所示。

图2-143　　　　　图2-144

03 按Alt+Ctrl+G快捷键创建剪贴蒙版，用裙子限定花朵的显示范围，即裙子之外的花朵会被隐藏，如图2-145和图2-146所示。

图2-145　　　　　图2-146

04 选择混合器画笔工具 ✎ ，在工具选项栏中选取柔角笔尖及"只载入纯色"选项，这样确保涂抹时拾取单色，其他参数如图2-147所示。"潮湿"使用默认的50%即可，它控制画笔从图像中拾取的颜料量，如果想要得到较长的绘画痕迹，可以将该值调高。"载入"选项用来指定储槽中载入的颜料量，它的值越低，颜料干燥的速度越快。"混合"选项设置为 100%，这样所有颜料都从图像中拾取（比例为0%时，所有颜料都来自储槽）。

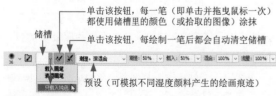

单击该按钮，每一笔（即单击并拖曳鼠标一次）都使用储槽里的颜色（或拾取的图像）涂抹

储槽

单击该按钮，每绘制一笔后都会自动清空储槽

预设（可模拟不同湿度颜料产生的绘画痕迹）

图2-147

05 由裙子腰部的亮色开始，向左下方裙角处一笔、一笔地涂抹，如图2-148和图2-149所示。也可以反复涂抹，让油彩大面积融合，但此时笔触的痕迹会变弱。

图2-148　　　　　图2-149

06 单击"调整"面板中的 按钮，创建曲线调整图层。在曲线上单击，添加控制点，然后向上拖曳控制点，使曲线上扬，使高光区域的色调变得更加明亮，裙子的色彩就会变得鲜亮起来，如图2-150和图2-151所示。

图2-150　　　　　图2-151

2.6.4 颜色渐变

在"2.3.10一笔画出多种颜色"这一节中，介绍了一个能让笔尖颜色产生变化的方法，即调节"颜色动态"选项。由于只是给定了一个参数范围，颜色变化是Photoshop在这个范围内随机生成的，因而，我们能控制的东西并不多。要想对颜色变化完全把控，可以使用渐变工具 ▨ 。

渐变工具 ▨ 可以填充渐变颜色。这是由两种或更多颜色逐渐过渡所生成的填色效果，有5种基本样式，如图2-152~图2-156所示。选择该工具后，可以单击工具选项栏中的一个按钮，选择其中的一种渐变样式，如图2-157所示。

线性渐变▨　　　　径向渐变▨　　　　角度渐变▨
图2-152　　　　　图2-153　　　　　图2-154

对称渐变 ▣
图2-155

菱形渐变 ◆
图2-156

渐变类型按钮
图2-157

如果要调整渐变颜色，可以单击工具选项栏中的渐变颜色条，如图2-158所示，打开"渐变编辑器"，如图2-159所示。

图2-158

图2-159

对话框上方是预设的渐变，下方的渐变颜色条有几个色标。双击该色标，可以打开"拾色器"调整颜色。拖曳色标，可以改变渐变色的混合位置。拖曳两个渐变色标之间的菱形滑块（中点），则可以调整该点两侧颜色的混合位置。如果想要添加新的渐变颜色，可以在渐变条下方单击，添加色标，并设置颜色。

设置好渐变颜色后，单击"确定"按钮，关闭"渐变编辑器"。在画布上单击并拖曳鼠标，即可填充渐变。按住Shift键操作，可以填充水平、垂直或以45°角为增量的渐变。

渐变不仅是一种填色功能，还常用来填充图层蒙版，对那些可以添加图层蒙版的功能来讲是非常有用的。例如调整图层，它自带图层蒙版。将渐变填充到蒙版中，可以用来控制调整范围和强度。

技巧

渐变条上方是不透明度色标，单击它，然后调整"不透明度"值，可以使色标所在位置的渐变颜色呈现透明效果。

2.7 怎样修改色彩

色彩的组成要素包括色相、饱和度和明度。"色相/饱和度"命令可以对每一个要素进行单独修改。如果习惯手绘的方式操作，则可以用工具来完成。

2.7.1 调整色相和饱和度

Photoshop的"图像"|"调整"菜单中有很多非常专业的调色命令，有的可以选择特定颜色进行调整，有的可以改变色彩平衡，有的用于调整照片的曝光，等等。

调色在服装设计方面的应用，无外乎调整模特照片的色调、调整面料和图案颜色等。"色相/饱和度"命令可以同时对色相、饱和度和明度做出调整，基本上可以满足这些需要。

"色相/饱和度"命令功能很全面，但使用方法比较简单。它的对话框中提供了3个选项，如图2-160所示。"色相"选项用于改变颜色；"饱和度"选项可以

使颜色变得鲜艳或暗淡；"明度"选项可以使色调变亮或是变暗。这3个选项既可通过输入数值，也可通过拖曳滑块来调整。

该命令还可以筛选颜色，即只针对特定颜色进行调整。具体选项在"色相"选项上方，单击 ˅ 按钮，打开下拉列表即可看到，如图2-161所示。

图2-160

图2-161

"全图"是默认选项，它表示调整将影响整幅图像的色彩；"红""绿""蓝"是色光三原色；"青""洋红""黄"是印刷三原色。选择其中的一种颜色，即可对它的色相、饱和度和明度进行调整，如图2-162所示。

对"全图"色相进行统一调整

原图

只调整"黄色"的色相

图2-162

2.7.2 调整明度

虽然"色相/饱和度"命令包含"明度"调整选项，但不是特别强大。原因是它对明度的范围没有进行细分。"色阶"和"曲线"在这方面就很好用。

首先来看"色阶"。它把明度划分为阴影、中间调和高光3个区域，并通过3个滑块来控制这3个区域的明暗，如图2-163所示。

原图

"色阶"对话框

阴影滑块（色阶0，黑）

中间调滑块（色阶128，50%灰）

高光滑块（色阶255，白）

各滑块对应的色调

向右移动阴影滑块，暗部区域的色调会变得更暗

向左移动高光滑块，亮部区域的色调会变得更亮

图2-163

"曲线"的操作方法特殊一些。在默认状态下，它是一条45°角的斜线，两端各有一个控制点，如图2-164所示。在其上方单击，可以添加控制点。拖曳控制点，将直线调整为曲线，就能对色调产生影响了。对于RGB模式的图像，曲线上扬，相应的色调会变亮，如图2-165所示；曲线下降，则色调会变暗，如图2-166所示。CMYK模式的图像正好相反。如果要删除一个控制点，可单击它，然后按Delete键。

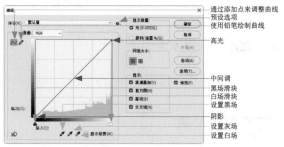

通过添加点来调整曲线
预设选项
使用铅笔绘制曲线
高光
中间调
黑场滑块
白场滑块
设置黑场
阴影
设置灰场
设置白场

在默认状态下，曲线是一条45°角的斜线

图2-164

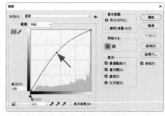

添加控制点并向上拖曳曲线，亮部区域的色调会变得更亮

图2-165

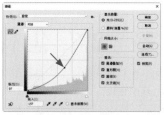

向下拖曳曲线控制点，暗部区域的色调会变得更暗

图2-166

在图像上单击，并在想要调整的区域移动鼠标，曲线上会出现一个小圆圈并同步移动。通过这种方法，可以了解需要调整的色调对应的是曲线中的哪一段位置，然后便可针对这一段曲线进行调整。按住Ctrl键单击鼠标，曲线上会添加一个控制点，将光标下方的色调标记出来。

2.7.3 用工具修改明度

Photoshop中有两个基于传统摄影技术开发的工具，减淡工具🔎和加深工具✍️，它们模拟的是摄影师通过遮挡光线使照片中的某个区域变亮（减淡），或增加曝光度使照片中的部分区域变暗（加深）。可以用来修改明度。

这两个工具有点类似"色阶"命令，可以单独处理阴影、中间调和高光。具体范围在工具选项栏的"范围"下拉列表中选取。相对于"色阶"命令，这两个工具只处理光标下方的图像，因而针对性更强。图2-167所示为对裙子进行处理时的效果。

"曝光度"用来控制修改强度，就像调整曝光一样，让色调变得更亮或者更暗。如果想避免色调出现强反差，可以将该值调低。需要注意的是，色彩的饱和度发生改变以后，会影响色调也发生变化。例如，增加饱和度时，色调会变深。如果不想影响色调，可以选取"保护色调"选项。

2.7.4 用工具修改饱和度

海绵工具  可以修改色彩的饱和度。需要提高某一区域的饱和度时，选择一个合适的笔尖，并在工具选项栏中选取"饱和"选项，然后在其上方单击并拖曳鼠标即可，如图2-168所示。需要降低饱和度时，先选取"降低饱和度"选项，再进行处理，如图2-169所示。

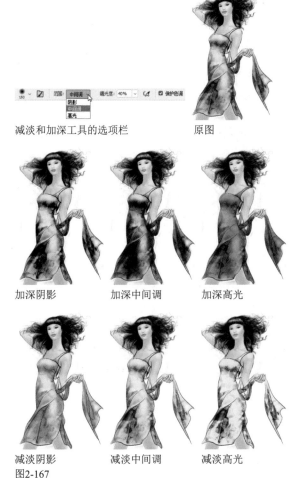

减淡和加深工具的选项栏　　　　原图

加深阴影　　加深中间调　　加深高光

减淡阴影　　减淡中间调　　减淡高光
图2-167

提高裙子的饱和度　　降低裙子的饱和度
图2-168　　　　　图2-169

使用该工具时，只要不放开鼠标按键，就会持续地进行处理。这会造成两种极端情况。进行降低饱和度操作时，色彩被清除，只保留明度信息（即灰度图像）；增加饱和度时，会出现溢色（过于饱和的颜色），色彩变得非常艳丽、夸张，给人不真实的感觉。如果不想出现过于饱和的颜色，可以提前选取"自然饱和度"选项。如果想降低修改强度，进行细微调整，可以将"流量"值调低。

2.8　怎样处理手绘线稿

使用铅笔、马克笔等手绘的画稿，通过扫描仪转换为电子图像，并在Photoshop中打开以后，还需要进行去除纸张颜色、调整线条的清晰度等处理，之后才能用来上色，或进行后期编辑，如添加图案和纹理。

2.8.1 从扫描的线稿中提取线条

01 按Ctrl+O快捷键，打开画稿素材，如图2-170所示。这是画在白纸上的效果图线稿，是通过

扫描仪转换为电子文档的。可以看到画纸颜色，以及由于画纸不平整而形成的阴影等都被记录到图像中。下面首先要做的是将背景处理为白色，之后再将线条从背景上抠出来，放到单独的图层上。这一操作称为

"抠图"。在绘制服装效果图时，一般会将轮廓线条、服装的填色部分、背景等分别放置在单独的图层中，以便于调整和修改。将扫描线稿中的线条提取出来，可以为下一步的服装绘制提供方便。

02 按Ctrl+M快捷键，打开"曲线"对话框，单击设置白场工具 ✏，选择它，如图2-171所示。

图2-170　　　　图2-171

03 在背景上找一处深灰色区域，在它上方单击鼠标，Photoshop会将单击点的像素调整为白色，同时比该点亮度值高的像素也会变为白色。通过这种方法来进行尝试，直到找到一个恰当的位置，单击以后，背景全部变为白色，如图2-172所示。

图2-172

04 选择魔棒工具 ✨，在白色背景上单击，将背景选取，如图2-173所示。执行"选择"|"选取相似"命令，扩大选取范围，将选区扩大到所有白色背景区域，如图2-174所示。

图2-173　　　　图2-174

05 按住Alt键双击"背景"图层，将其转换为普通图层，如图2-175所示。按Delete键，删除选区内的白色图像，这样就将线稿的背景删除了，如图2-176所示。

图2-175　　　　图2-176

06 按住Ctrl键，单击"图层"面板底部的 🔲 按钮，在"图层0"下方新建一个图层。按Ctrl+Delete快捷键填充背景色（白色），如图2-177所示。单击"图层0"，如图2-178所示。

图2-177　　　　图2-178

07 线稿的颜色不仅限于黑色，也可以通过调整，使其变为彩色。按Ctrl+U快捷键，打开"色相/饱和度"对话框，选取"着色"选项，调整参数，使线条变为蓝色，如图2-179和图2-180所示。

图2-179　　　　图2-180

08 选择橡皮擦工具 ✐，将残留的污点擦除。再将五官的线条擦细，使其与服装的线条在粗细上有所区分，如图2-181和图2-182所示。

图2-181　　　　　图2-182

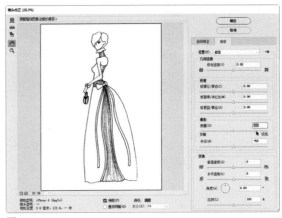

图2-185

2.8.2　校正相机拍摄的线稿

在手头没有扫描设备的情况下，用相机或手机拍摄画稿，再通过无线网络传输到计算机中，也不失为一个快捷方法。但由于镜头本身的质量或技术原因，拍摄的照片会有一些缺陷。例如，画面的边角有暗角。Photoshop中的"镜头校正"滤镜可以解决这个问题。

01 按Ctrl+O快捷键，打开服装效果图素材。按Ctrl+M快捷键，打开"曲线"对话框，单击设置白场工具 ✏，在图2-183所示的位置单击，将单击点的像素调整为白色，并通过它去校正其他色调。也可以连续单击，进行多次校正，如图2-184所示。

图2-183　　　　　图2-184

02 执行"滤镜"|"镜头校正"命令，打开"镜头校正"对话框。单击"自定"选项卡，显示手动设置选项。向右拖曳"晕影"选项组中的"数量"滑块，即可将边角调亮（向左拖曳会变得更暗），如图2-185所示。按Enter键关闭对话框。

2.8.3　校正透视扭曲

拍摄画稿时，相机应尽量与画面垂直，才能避免出现变形。如果相机与画面是非垂直角度，画面会呈现近大远小的透视扭曲，如图2-186所示。出现这种状况，用变形的方法处理效果最好。

01 打开素材。按Ctrl+J快捷键复制"背景"图层，如图2-187所示。

02 将光标放在文档窗口右下角的 ▨ 图标上，按住鼠标进行拖曳，将窗口范围调大。按Ctrl+T快捷键显示定界框，如图2-188所示。按住Alt+Ctrl+Shift快捷键向外拖动定界框的右上角，校正透视畸变，直到画纸的边缘线与文档边缘平行，如图2-189所示。按Enter键确认。

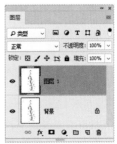

图2-186　　　　　图2-187

图2-188　　　　　图2-189

第3章 服装款式结构

3.1 服装造型与人体关系

服装的整体造型——廓型有3个关键点，即包裹住身体部分的衣长、外形线，以及使这个形状成立的结构线。人体着装有着宽窄、松紧的视觉效果之分。服装的廓形既可以适应人的体型，又可在此基础上对形体加以夸张和归纳。例如，用松身和紧身的方式来改变人体的自然形态。

服装流行趋势的更替，主要表现为廓形的变换。迪奥（Christian Dior，1905–1957）曾用A、H、X、O和Y等字母，形象地概括了服装的整体外部轮廓造型，如图3-1和图3-2所示。

● A型：是指形状类似字母A，特征是上小下大，具有修饰肩膀、夸张下部的作用，如披风、喇叭裙、喇叭裤等。这种款式的服装活泼、潇洒，可以展现女性的典雅高贵之美。

● H型：肩、腰、下摆部的宽度基本相同，呈直线方型，舒适、自由且合体，如直身衬衣、直筒裤、连衣裙等。这种款式的服装能充分显示细长的身材，具有庄重、朴实的美感。

● X型：特征是阔肩、收腰、放摆，外轮廓起伏明显。这种款式的服装既适合表现男性的阳刚气质，又可充分显示女性的性感魅惑。

● O型：外形呈圆弧状，因而又被称为郁金香型。外部轮廓线无明显的棱角，且较宽松，给人以含蓄、温和的美感。也可以使女性更显丰腴。

● Y型：即倒梯形。特征是上大下小，设计重点在于夸大肩部。具有大方、干练、严肃、庄重的风格特点。

● V型：是一种肩部宽，至下摆渐渐收紧的倒三角形款式。

● I型：形状类似于字母I，是一种纤细修长的款式。

● 8字型：与数字8相像，可以充分强调女性的溜肩，展现蜂腰。

● 鞘型：衣服像刀剑的鞘一样将身体包裹在里面。

● 直筒型：一种直线形款式，也称箱形、矩形。

● 袋型：像袋子一样可以直接套进去，是一种较为宽松的款式。

● 公主线型：用侧面的两根纵向结构线将腰身收紧，然后从腰到下摆逐渐变得宽大。

● 美人鱼型：与美人鱼造型相似的一种款式。特征是膝盖以上的衣服与身体完全贴合，下摆处呈宽宽的喇叭状，形似鱼尾。

● 合体大摆型：上半身跟身体完全贴合，从腰部到裙摆渐渐展开。

● 紧身型：与身体完全贴合的一种款式。

● 陀螺型：轮廓线类似木桶，上方膨胀，越向下收得越紧。也称纺锤形。

● 蛋壳型：与鸡蛋外形相似，为圆润鼓起的轮廓。

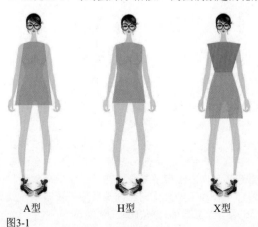

A型　　　　H型　　　　X型

图3-1

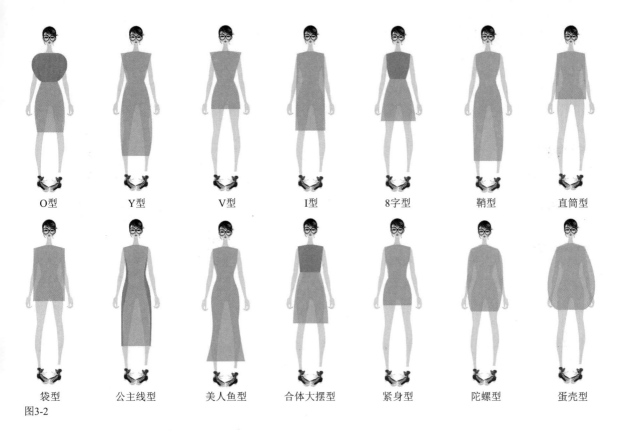

O型	Y型	V型	I型	8字型	鞘型	直筒型
袋型	公主线型	美人鱼型	合体大摆型	紧身型	陀螺型	蛋壳型

图3-2

3.2 服装的形式美法则

服装的形式美即服装的外观美。在长期的实践中，人们通过对服装的鉴赏和创造，逐步发现了服装的形式美法则。

3.2.1 比例

比例的概念源于数学，用来表示同类量之间的倍数关系。服装的外观要给人以美的享受，构成服装外观形式的各种因素就需要保持良好的数量关系。如上下装的面积、色彩的分量、衣领的大小、口袋的位置等，如图3-3和图3-4所示。

3.2.2 平衡

平衡是指在一个整体中，对立的各方在数量或质量上相等或相抵后呈现的一种静止状态。当服装造型元素按对称的形式放置时，就会给人平稳、安静的感受，如图3-5所示。如果按照非对称的形式放置，则会呈现出多变、生动的平衡美，如图3-6所示。

图3-3

图3-4

图3-5

图3-6

3.2.3 呼应

呼应是指事物之间相互照应的一种形式。在服装设计中，相同的装饰、图案、色彩，或者相同的材料等出现在不同部位，就可以产生呼应效果，如图3-7和图3-8所示。

图3-7　　　　　　　图3-8

3.2.4 节奏

节奏是指有秩序的、不断运动的形式。服装的节奏美可以通过相同的点、线、面、色彩、图案、材料等重复出现来表现，使之在视觉上产生节奏感，如图3-9和图3-10所示。

图3-9　　　　　　　图3-10

3.2.5 主次

主次是对事物的局部与局部之间，局部与整体之间的组合关系的要求。款式、色彩、图案、材料等

是构成服装外观美的要素，在运用这些要素时，要处理好它们之间的主次关系，或以款式变化为主，或以色彩变化为主，或以图案变化为主，或以材料变化为主，而让其他要素处于陪衬地位。起主导作用的要素突出了，服装也就有了鲜明的个性和风格，如图3-11和图3-12所示。

图3-11　　　　　　　图3-12

3.2.6 多样统一

多样统一是形式美的基本法则，也是比例、平衡、呼应、节奏、主次等形式法则的集中概括。多样和统一相辅相成，不可分割。强调变化的服装活泼、俏丽，要想避免杂乱，需体现各个因素的内在联系；强调统一的服装端庄、整齐，要想避免呆板，则应添加适当的变化，如图3-13~图3-15所示。

图3-13　　　　　　图3-14　　　　　　图3-15

3.3　Photoshop绘图工具

在Photoshop的所有工具里，需要绘制匀称的圆形、光滑的曲线，以及各种几何图形时，绘图类工具（钢笔和各种形状工具）要明显优于画笔、铅笔等绘画类工具，并且修改起来也更加方便。此外，绘制出的矢量图形（路径）还可以进行无损缩放，非常适合需要经常变换尺寸或以不同分辨率打印。

3.3.1 路径和锚点

路径是一段一段线条状的轮廓，每两段路径之间有一个锚点将它们连接。锚点分为两种，平滑点和角

点。平滑点连接平滑的曲线，角点连接直线和转角曲线，如图3-16所示。在曲线路径段上，锚点两侧有方向线，方向线的端点是方向点，如图3-17所示，拖曳方向点可以拉动方向线，进而改变曲线的形状，如图

3-18所示。

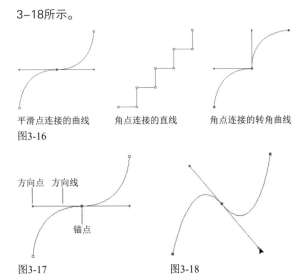

平滑点连接的曲线　　角点连接的直线　　角点连接的转角曲线
图3-16

图3-17　　　　　图3-18

直接选择工具 和转换点工具 都可以调整方向线。例如，图3-19所示为原图形，使用直接选择工具 拖曳平滑点上的方向点时，方向线始终保持为一条直线，锚点两侧的路径段会同时发生改变，如图3-20所示。使用转换点工具 拖曳方向点时，可单独调整任意一侧的方向线，不会影响另外一侧的方向线和同侧的路径段，如图3-21所示。

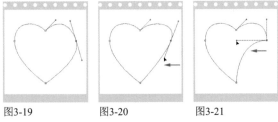

图3-19　　　　图3-20　　　　图3-21

使用直接选择工具 单击一个锚点，即可选择该锚点，选中的锚点为实心方块，未选中的为空心方块，如图3-22所示。单击一个路径段时，可以选择该路径段，如图3-23所示。使用路径选择工具 单击路径，即可选择整个路径，如图3-24所示。选择锚点、路径段和整条路径后，按住鼠标按键不放并拖曳，可将其移动。

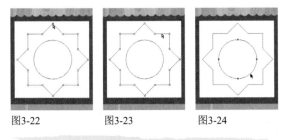

图3-22　　　　图3-23　　　　图3-24

3.3.2 绘图模式

Photoshop中的绘图工具，即矢量工具可以创建

3种对象——形状、路径和图像。在使用前，需要在工具选项栏中选择绘制模式，确定要绘制哪种对象，然后再进行绘图操作，如图3-25所示。使用"形状"模式可以绘制出矢量形状，它作为形状图层出现在"图层"面板中，"路径"面板中也会保存其路径。在工具选项栏中可以设置在形状内部填充或为其描边。使用"路径"模式绘制出的是路径，保存在"路径"面板中。使用"像素"模式可以在当前图层中绘制出用前景色填充的图像。

形状

路径　　　　　　　　像素
图3-25

3.3.3 使用形状工具绘图

Photoshop中有6种形状工具。矩形工具 、圆角矩形工具 和椭圆工具 可以绘制与其名称相同的几何图形。多边形工具 可以绘制多边形和星形。直线工具 可以绘制直线和虚线。自定形状工具 稍微复杂一点，它可以绘制Photoshop预设的矢量图形，以及用户自定义的图形和外部加载的图形。在使用时首先选择该工具，然后单击工具选项栏中的 按钮，打开"形状"下拉面板，即可选择一种形状。

形状类工具通过单击并拖曳鼠标的方法使用。操作时，掌握动态绘图技巧非常有用。操作方法是，使用形状工具在窗口中单击并拖曳绘制出形状，不要放开鼠标按键，这时按住空格键移动鼠标，即可移动形状；松开空格键继续拖曳鼠标，则可以调整形状大小。将操作连贯起来，就可以动态调整形状的大小和位置，如图3-26所示。

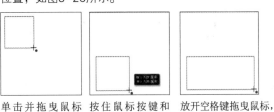

单击并拖曳鼠标　　按住鼠标按键和　　放开空格键拖曳鼠标，
创建矩形　　　　　空格键移动图形　　重新调整矩形大小

图3-26

3.3.4 使用钢笔工具绘图

钢笔工具 ✍ 的绘图练习应该从基本图形入手，包括直线、曲线和转角曲线。这些图形看似简单，但所有复杂的图形都是从它们演变而来的。

绘制直线••••••••••••••••••••••••••••••••

选择钢笔工具 ✍，在工具选项栏中选取"路径"或"形状"选项，在文档窗口单击可以创建锚点，放开鼠标按键，然后在其他位置单击可以创建路径。按住Shift键单击，可锁定水平、垂直或以45°角为增量创建直线路径。如果要封闭路径，可在路径的起点处单击。图3-27所示为一个矩形的绘制过程。

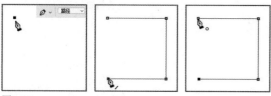

图3-27

如果要结束一段开放式路径的绘制，可以按住Ctrl键（转换为直接选择工具 ▙ ）在画面的空白处单击，单击其他工具、按Esc键，也可结束路径的绘制。

绘制曲线和转角曲线•••••••••••••••••••••

使用钢笔工具 ✍ 单击，并按住鼠标按键拖曳，可以创建平滑点；将光标移动至下一处位置，单击并拖曳鼠标创建第二个平滑点；继续创建平滑点，即可生成光滑的曲线，如图3-28所示。

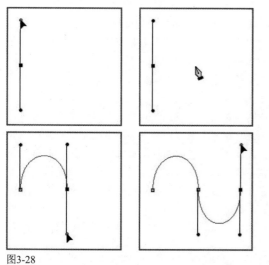

图3-28

使用钢笔工具 ✍ 绘制出曲线后，将光标放在最后一个平滑点上，按住Alt键（光标变为 ▙ 状）单击该点，将它转换为只有一条方向线的角点，然后在其他位置单击并拖曳鼠标，便可绘制出转角曲线，如图3-29所示。

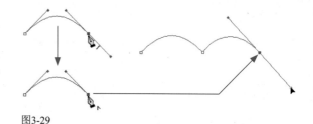

图3-29

在曲线后面绘制直线•••••••••••••••••••••

用钢笔工具 ✍ 绘制一段曲线以后，如图3-30所示，将光标放在最后一个锚点上，按住Alt键，如图3-31所示，单击鼠标，将该平滑点转换为角点，这时它的另一侧方向线会被删除，如图3-32所示。在其他位置单击鼠标（不要拖曳），即可在曲线后面绘制出直线，如图3-33所示。

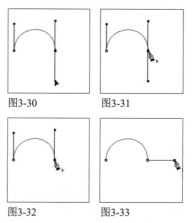

图3-30　　　　　图3-31

图3-32　　　　　图3-33

在直线后面绘制曲线•••••••••••••••••••••

用钢笔工具 ✍ 绘制出一段直线后，将光标放在最后一个锚点上，按住Alt键，如图3-34所示，单击并拖曳鼠标，从锚点上拖出方向线，如图3-35所示。在其他位置单击并拖曳鼠标，即可在直线后面绘制出曲线。如果拖曳方向与方向线的方向相同，可以创建"S"形曲线，如图3-36所示。方向相反时可创建"C"形曲线，如图3-37所示。

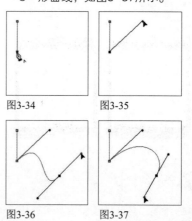

图3-34　　　　　图3-35

图3-36　　　　　图3-37

3.4 衬衣款式图——衣领表现技巧

服装款式图是以平面图形表现的含有细节说明的设计图。它不同于服装画，在表达服装设计师构思的同时，更要求绘画规范、严谨、对称，线条表现要清晰、圆滑、流畅，以便在企业生产中起到样图规范指导的作用。本实例绘制一款衬衣的款式图，重点学习衣领的表现方法。为了对称布局，将借助参考线。用钢笔和形状工具绘制好款式图以后，还要通过绘画类工具对路径进行描边，从而得到线稿。

3.4.1 布局参考线

01 执行"文件"|"新建"命令，或按Ctrl+N快捷键，打开"新建文档"对话框。单击"打印"选项卡，之后使用预设选项创建一个A4大小的文档，如图3-38所示。

图3-38

02 执行"编辑"|"首选项"|"单位与标尺"命令，打开"首选项"对话框。当前创建的文件是以毫米为单位的，在这里也将"标尺"的单位设置为"毫米"，如图3-39所示。

图3-39

03 单击左侧列表中的"参考线、网格和切片"选项。在对话框右侧将参考线颜色设置为绿色，并修改网格参数，如图3-40所示。单击"确定"按钮关闭对话框。

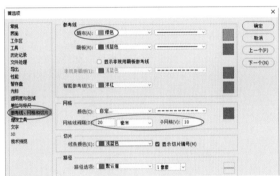

图3-40

04 按Ctrl+R快捷键显示标尺。将光标放在原点，即窗口左上角的（0，0）数值处，如图3-41所示，单击并向右下方拖曳鼠标，画面中会出现十字线，将它拖放到横向100毫米、纵向20毫米处，如图3-42所示。通过这种方法将横向100毫米、纵向20毫米处定义为原点，这里的数值会变为（0，0）。

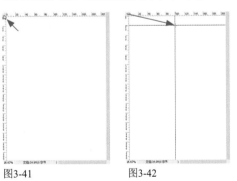

图3-41　　　　图3-42

提示 *Point*

如果想要将原点恢复到初始位置，即让窗口左上角变为（0，0），可以在左上角（水平和垂直标尺相交处）双击。

05 将光标放在垂直标尺上，单击并向画面拖曳鼠标，拖出参考线，如图3-43所示。从水平标尺上也拖出参考线，以便绘图时能够对称布置图形，如图3-44所示。

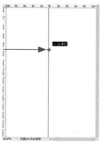
图3-43

图3-44

提示 *Point*

在对称绘图时，参考线是非常好的辅助工具。如果要移动它，可以选择移动工具 ✛，将光标放在参考线上，光标会变为 ‖▸ 状，单击并拖曳鼠标即可。创建或移动参考线时，按住 Shift 键，可以使参考线与标尺上的刻度对齐。如果要删除一条参考线，可将其拖回标尺。

3.4.2 绘制对称图形

01 选择矩形工具 ▢，在工具选项栏中选取"路径"选项。以参考线为基准，绘制一个矩形，如图3-45所示。使用直接选择工具 ▹ 单击左下角的锚点，将其选取，如图3-46所示，按住Shift键（可以锁定水平方向）拖动，如图3-47所示。右下角的锚点也采用同样的方法移动，它的位置与左侧的锚点对称，如图3-48所示。

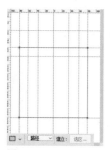
图3-45

图3-46

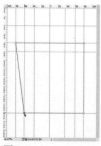
图3-47

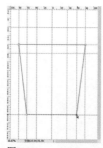
图3-48

02 使用添加锚点工具 ⚲ 在路径上单击，添加两个锚点，它们对应水平标尺上的40毫米处，如图3-49所示。使用转换点工具 ⋀ 在这两个锚点上单击，将它们转换为角点，如图3-50所示。这样它们就没有方向线了，移动这两个锚点时，它们之间的路径会由曲线变为直线（现在两个锚点的位置相同，还看出曲线）。

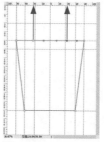
图3-49

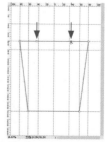
图3-50

03 使用直接选择工具 ▹ 单击并拖出一个矩形框，选中这两个锚点，如图3-51所示。将光标放在一个锚点的正上方，如图3-52所示，单击并向上拖曳鼠标，拖出一小段距离后，按住Shift键，这样可以矫正移动位置，使锚点沿垂直方向移动，同时观察左侧标尺，在到达40毫米这个位置时放开鼠标，如图3-53所示。

图3-51

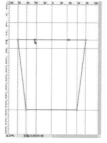
图3-52

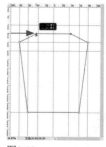
图3-53

04 使用添加锚点工具 ⚲ 添加一个锚点，如图3-54所示。用直接选择工具 ▹ 在该锚点上单击，并按住Shift键向上方拖曳，如图3-55所示。按住Ctrl键在空白处单击，取消路径的选择。

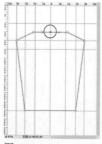
图3-54

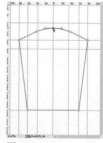
图3-55

05 双击路径层，如图3-56所示，在弹出的对话框中输入名称，如图3-57所示，将这一临时路径层转换为正式的路径层，如图3-58所示。

图3-56　　图3-57　　　　　　　　图3-58

06 选择钢笔工具，在工具选项栏中选取"路径"选项。在画面中单击（不要拖曳鼠标），绘制直线路径，如图3-59所示。将光标放在第一个锚点上，如图3-60所示，单击并向右上方拖曳鼠标，将路径封闭，与此同时可将该段路径调整为曲线，如图3-61所示。这样一个领子就绘制好了。使用路径选择工具 单击领子图形，按住Alt+Shift键向左侧拖曳，进行复制，如图3-62所示。

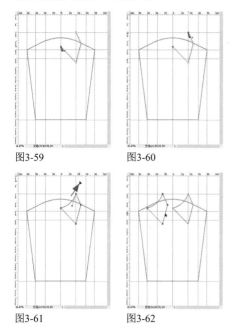

图3-59　　　　图3-60

图3-61　　　　图3-62

07 按Ctrl+T快捷键显示定界框。单击鼠标右键，打开快捷菜单，选择"水平翻转"命令，翻转图形，如图3-63所示。将图形移动到与另一侧图形对称的位置上，如图3-64所示。按Enter键确认，另一个领子也制作好了。

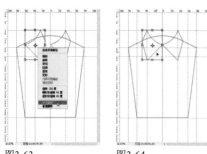

图3-63　　　　图3-64

08 使用钢笔工具 单击并拖曳鼠标，在领子上部绘制一段曲线路径，如图3-65所示。在衣襟位置按住Shift键单击鼠标，绘制一段直线路径，如图3-66所示。

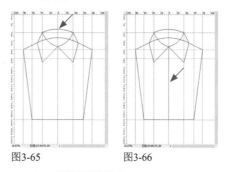

图3-65　　　　图3-66

3.4.3　描边衣服轮廓

01 衣服基本轮廓绘制好以后，下面来对路径进行描边，制作线稿。单击"图层"面板底部的 按钮，新建一个图层。按D键，将前景色设置为黑色。选择铅笔工具，在工具选项栏中选择笔尖，并设置大小为5像素，如图3-67所示。使用路径选择工具，按住Shift键单击除两个领子以外的其他3个图形，将它们同时选取，单击鼠标右键打开快捷菜单，选择"描边子路径"命令，如图3-68所示，在弹出的对话框中选择铅笔工具，如图3-69所示，用铅笔描边路径。隐藏路径和参考线以后，效果如图3-70所示。

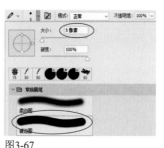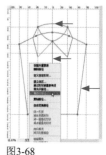

图3-67　　　　图3-68

图3-69　　　　图3-70

02 单击"图层"面板底部的 按钮，新建一个图层。在它的名称上双击，显示文本框以后，修改名称为"衣领"，如图3-71所示。使用路径选择工具 单击领子图形，单击鼠标右键，在弹出的菜单中选择"填充子路径"命令，如图3-72所示，在弹出的对话框中选择用背景色（即白色）填充路径，如图3-73所示。用白色将后面的轮廓线遮盖住以后，隐藏路径和参考线，效果如图3-74所示。

图3-71

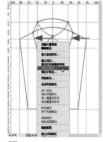
图3-72

图3-73

图3-74

03 再单击鼠标右键，重新打开快捷菜单，选择"描边子路径"命令，用铅笔工具 🖉 对路径进行描边，如图3-75和图3-76所示。

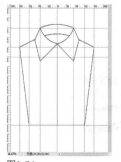
图3-75   图3-76

04 使用钢笔工具 🖉 绘制一条弧线路径，如图3-77所示。单击鼠标右键，使用快捷菜单中的"描边子路径"命令进行描边，如图3-78所示。

图3-77

图3-78

05 下面来绘制服装上的明线（用虚线表示）。使用路径选择工具 ▶ 单击门襟处的路径，按住Alt+Shift键向右侧拖曳，进行复制，如图3-79所示。使用直接选择工具 ▷ 单击直线顶部的锚点，按↓键向下移动，使锚点与衣领边缘对齐，如图3-80所示。

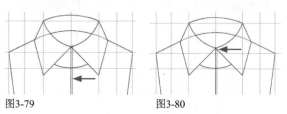
图3-79   图3-80

06 使用路径选择工具 ▶ 单击领子上的曲线，按住Alt+Shift键向下拖曳进行复制，如图3-81所示。按Ctrl+T快捷键显示定界框，拖曳控制点，将曲线压扁并调短，如图3-82所示。按Enter键确认，如图3-83所示。采用同样的方法复制其他路径，如图3-84所示。

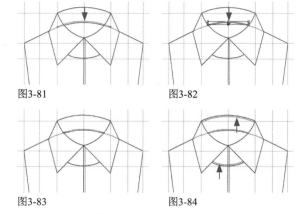
图3-81   图3-82

图3-83   图3-84

07 使用路径选择工具 ▶ 单击领子，如图3-85所示，按住Alt键拖曳鼠标进行复制，如图3-86所示。使用直接选择工具 ▷ 单击最上方的锚点，如图3-87所示，按Delete键删除，这段路径就被删掉了，如图3-88所示。

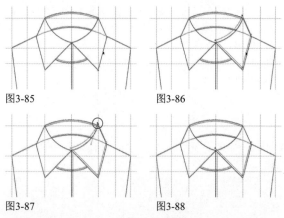
图3-85   图3-86

图3-87   图3-88

08 使用直接选择工具 ▷ 将锚点拖曳到领子内部，如图3-89所示。下面来将图形对称复制到左侧

的领子上。使用路径选择工具 按住Alt键单击并拖曳图形，进行复制，拖曳过程中按住Shift键，以便锁定水平方向，如图3-90所示。按Ctrl+T快捷键显示定界框，单击鼠标右键打开快捷菜单，选择"水平翻转"命令，翻转图形，然后通过→键和←键轻移图形，将其与左侧的领子对齐，如图3-91所示。按Enter键确认。

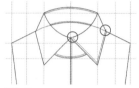

图3-89

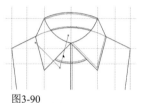

图3-90

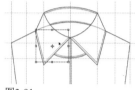

图3-91

09 使用路径选择工具 ，按住Shift键单击各个明线图形，将它们选取，如图3-92所示。新建一个图层，在图层名称上双击，显示文本框后修改名称为"明线"，如图3-93所示。

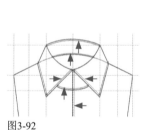

图3-92

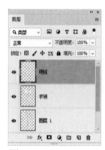

图3-93

10 选择画笔工具 。打开"画笔设置"面板。选择一个尖角笔尖，设置"大小"为5像素（该值决定了虚线的粗细），如图3-94所示。单击面板左侧的"双重画笔"选项，再选择一个尖角笔尖，将"模式"设置为"变暗"。设置"大小"和"间距"参数（决定了虚线的长短和间距），如图3-95所示。在路径层上单击鼠标右键，打开快捷菜单，选择"描边子路径"命令，如图3-96所示，在弹出的对话框中选择画笔工具，对路径进行描边，如图3-97所示。按Ctrl+;快捷键隐藏参考线，效果如图

图3-94

3-98所示。

图3-95

图3-96

图3-97   图3-98

11 下面来制作扣子。选择椭圆工具 ，在工具选项栏中选取"路径"选项。按住Shift键拖曳鼠标，创建一个圆形，如图3-99所示。使用直线工具 ，按住Shift键拖曳鼠标，创建两条直线，如图3-100所示。

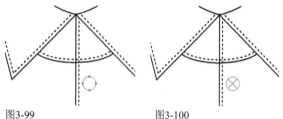

图3-99   图3-100

12 新建一个图层，修改名称为"衣扣"。使用路径选择工具 ，按住Shift键单击组成扣子的3个图形，将它们选取。按Alt键单击"路径"面板底部的 ○ 按钮，弹出"描边路径"对话框，用铅笔描边路径，如图3-101和图3-102所示。

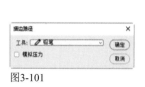

图3-101

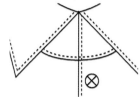

图3-102

13 选择移动工具 ✛，按住Shift+Alt键向下拖曳鼠标，复制扣子。注意最下方扣子的位置，如图3-103所示。在"图层"面板中，按住Shift键单击最下方的"衣扣"图层，将所有衣扣选取，如图3-104所示。

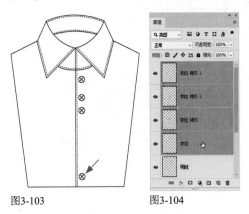

图3-103　　　　　图3-104

14 单击工具选项栏中的 ■ 按钮，让所选对象垂直均匀分布，如图3-105和图3-106所示。

15 单击一个"衣扣"图层，如图3-107所示。使用移动工具 ▶✛，按住Shift+Alt键向上拖动，再复制一个衣扣，如图3-108所示。

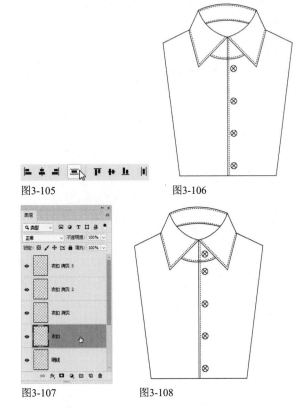

图3-105　　　　　图3-106

图3-107　　　　　图3-108

3.5　绒衫款式图——衣袖表现技巧

本实例仍是以参考线为辅助，绘制对称图形。实例中会有一些比较实用的小技巧，包括轻移锚点、复制一组路径、对称复制衣袖，以及路径描边技巧，等等。

01 按Ctrl+N快捷键，创建一个A4大小的文档。按Ctrl+R快捷键显示标尺，将光标放在标尺上，单击并按住Shift键拖出两条参考线，定位在水平标尺100毫米、垂直标尺20毫米处（按住Shift键以后，参

考线会与刻度线对齐），如图3-109所示。将光标放在标尺的原点（窗口左上角水平标尺和垂直标尺相交处），单击并拖出十字线，将其拖放到参考线的交点处，将标尺的原点定位在此，如图3-110所示。

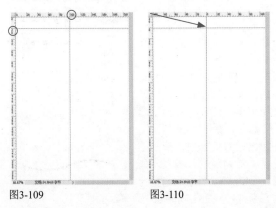

图3-109　　　　　图3-110

02 从标尺上拖出几条参考线，如图3-111所示。
选择椭圆工具 ⭕，在工具选项栏中选取"路径"选项。在画布上单击并拖曳鼠标，绘制椭圆，如图3-112所示。使用直接选择工具 ▸ 单击最上方的锚点，如图3-113所示，按Delete键删除，如图3-114所示。

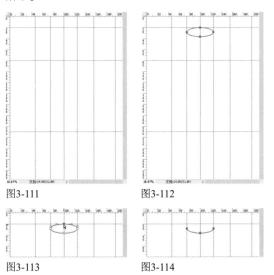

图3-111　　　　　　图3-112

图3-113　　　　　　图3-114

03 使用路径选择工具 ▸ 单击路径，并按住Alt键拖曳，进行复制，如图3-115所示。选择钢笔工具 ✐，在工具选项栏中选取"路径"和"自动添加/删除"选项。将光标放在锚点上方，光标变为 ✐。状时，如图3-116所示，单击鼠标，然后在下面路径的锚点上单击，将这两条路径连接，如图3-117所示。采用同样的方法将左侧的两个锚点也连接起来，如图3-118所示。

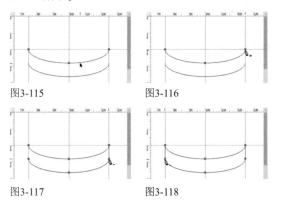

图3-115　　　　　　图3-116

图3-117　　　　　　图3-118

04 使用钢笔工具 ✐，在衣领后方绘制一条曲线，如图3-119所示。下面制作衣领上的罗纹。按住Shift键在衣领上绘制直线，如图3-120所示。使用路径选择工具 ▸ 单击并按住Alt键拖曳直线，进行复制，如图3-121所示。

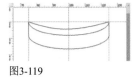

图3-119

图3-120　　　　　　图3-121

05 使用钢笔工具 ✐，按住Shift键绘制直线，如图3-122所示。使用直接选择工具 ▸ 单击左下角的锚点，按4下→键，对锚点进行轻微移动。单击右下角的锚点，按4下←键，以便使两个锚点的位置对称，如图3-123所示。

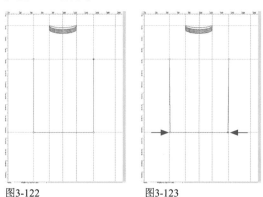

图3-122　　　　　　图3-123

06 使用路径选择工具 ▸ 单击并按住Alt键拖曳图形，进行复制，如图3-124所示。按Ctrl+T快捷键显示定界框，拖曳上方的控制点，将图形向下压扁，如图3-125所示。拖曳左、右两侧的控制点，将图形与上方矩形的边缘对齐，如图3-126和图3-127所示。按Enter键确认。

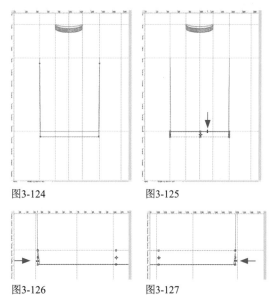

图3-124　　　　　　图3-125

图3-126　　　　　　图3-127

07 用钢笔工具 ✐ 在这个图形里面绘制一组直线，如图3-128所示。用路径选择工具 ▸ 单击并拖曳出一个选框，将它们选取，然后按住Alt+Shift快捷键单击并拖曳鼠标，进行复制，如图3-129所示。

图3-128　　　　　　　图3-129

08 使用钢笔工具 ✑ 绘制袖子，如图3-130和图3-131所示。绘制直线，并通过复制的方式铺满袖口，如图3-132所示。

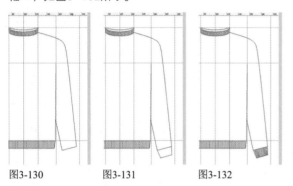

图3-130　　　图3-131　　　图3-132

09 使用钢笔工具 ✑ 绘制一条曲线，如图3-133所示。使用路径选择工具 ▶ 单击并按住Alt键拖曳曲线，进行复制，如图3-134所示。复制曲线后，可以用直接选择工具 ▶ 调整锚点位置，以便让两条曲线平行。

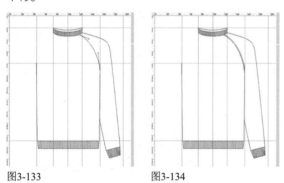

图3-133　　　　　　　图3-134

10 使用路径选择工具 ▶ 单击并拖出一个矩形选框，选取组成袖子的所有图形，如图3-135所示。按住Shift键单击上方的两条曲线，将它们也选中，如图3-136所示。

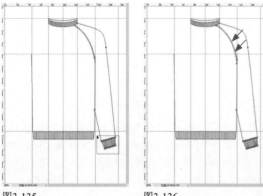

图3-135　　　　　　　图3-136

11 按Ctrl+C快捷键复制，按Ctrl+V快捷键粘贴。按Ctrl+T快捷键显示定界框，单击鼠标右键，打开快捷菜单，选择"水平翻转"命令，翻转图形，如图3-137所示。按住Shift键拖曳鼠标，将袖子移动到左侧对称的位置上，如图3-138所示。按Enter键确认。

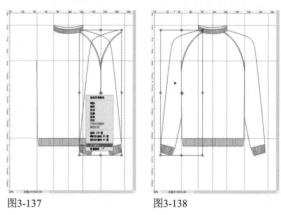

图3-137　　　　　　　图3-138

12 按Ctrl+;快捷键隐藏参考线。选择铅笔工具 ✏，在工具选项栏中选择一个笔尖，并调整大小为3像素，如图3-139所示。

13 按住Alt键单击"路径"面板底部的 ○ 按钮，打开"描边路径"对话框，选择用铅笔工具描边路径，如图3-140所示。在"路径"面板底部的空白处单击，取消路径的显示，也可以按Ctrl+H快捷键隐藏路径。按Ctrl+;快捷键隐藏参考线。针织外套结构图效果如图3-141所示。

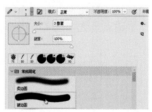

图3-139　　　　　　　图3-140

图3-141

3.6 马甲款式图——门襟表现技巧

门襟是衣服、裤子、裙子朝前正中的开襟或开缝、开叉部位，可以装拉链、纽扣、暗合扣等辅料。本实例通过绘制马甲款式图介绍门襟制作技巧，涉及图形创建、修改、变换、复制，以及路径的填充和描边。

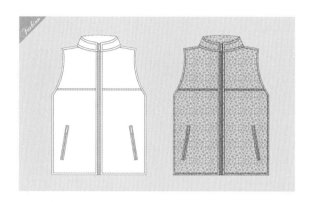

01 按Ctrl+N快捷键，创建一个A4大小的文档。按Ctrl+R快捷键显示标尺，从标尺上拖出两条参考线，如图3-142所示。在标尺的原点单击并拖出十字线，将其拖放到参考线的交点处，将标尺的原点定位在此处，如图3-143所示。

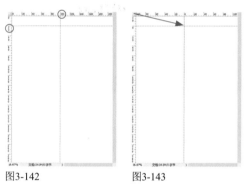

图3-142　　　　图3-143

02 选择矩形工具 ▭，将光标放在参考线的相交点上，单击鼠标，弹出"创建矩形"对话框，设置矩形参数，如图3-144所示，单击"确定"按钮，按照设置的尺寸创建矩形，如图3-145所示。

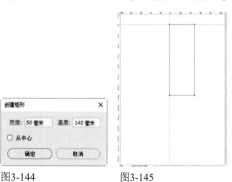

图3-144　　　　图3-145

03 使用添加锚点工具 ✐ 在矩形上添加一个锚点，如图3-146所示。使用直接选择工具 ▸ 先移动右上角的锚点，然后拖曳下方锚点的方向点，如图3-147所示。

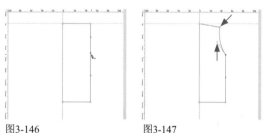

图3-146　　　　图3-147

04 选择路径选择工具 ▸，按Ctrl+C快捷键复制图形，按Ctrl+V快捷键粘贴。按Ctrl+T快捷键显示定界框，按住Alt+Shift键拖曳控制点，将图形等比缩小，如图3-148所示。按Enter键确认。使用直接选择工具 ▸ 调整锚点，如图3-149所示。使用钢笔工具 ✐，按住Shift键绘制两条直线，如图3-150所示。

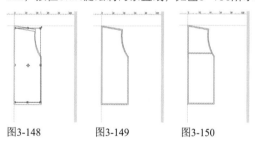

图3-148　　　图3-149　　　图3-150

05 使用钢笔工具 ✐ 绘制衣领和衣领内的缝纫线，如图3-151和图3-152所示。

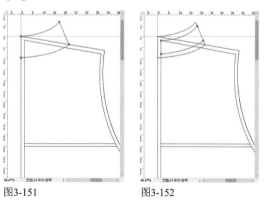

图3-151　　　　图3-152

06 使用矩形工具 ▢ 和圆角矩形工具 ▢ 创建矩形和圆角矩形，绘制出拉链，如图3-153和图3-154所示。

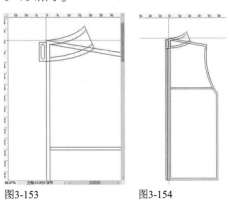

图3-153　　　　　　图3-154

07 使用路径选择工具 ▶，按住Shift键单击组成拉链的图形，将它们选取，按住Alt键拖曳鼠标进行复制，如图3-155所示。使用直接选择工具 ▷ 在图形下方单击并拖出一个选框，选取锚点，如图3-156所示，按住Shift键向上拖曳，如图3-157所示。

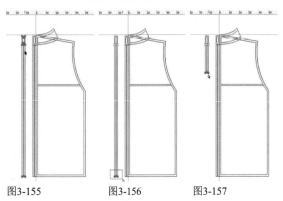

图3-155　　　　图3-156　　　　图3-157

08 使用路径选择工具 ▶ 选取图形，并移动到衣兜处，如图3-158所示。按Ctrl+T快捷键显示定界框，拖曳控制点旋转图形，如图3-159所示。按Enter键确认。

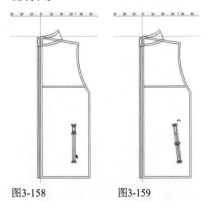

图3-158　　　　　　图3-159

09 使用路径选择工具 ▶ 单击并拖出一个选框，选中除门襟拉链以外的所有图形，如图3-160所示，

按Ctrl+C快捷键复制，按Ctrl+V快捷键粘贴。按Ctrl+T快捷键显示定界框，单击鼠标右键打开快捷菜单，选择"水平翻转"命令，翻转图形，如图3-161所示。按住Shift键将其移动到画面左侧，如图3-162所示。

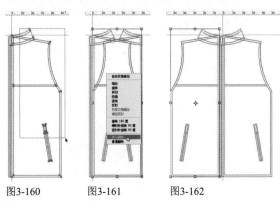

图3-160　　　　图3-161　　　　图3-162

10 使用钢笔工具 ⏽ 在衣领上方绘制一条曲线，如图3-163所示。选择铅笔工具 ✐ 并设置参数，如图3-164所示。

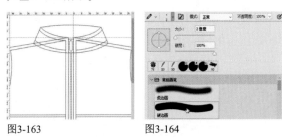

图3-163　　　　　　图3-164

11 使用路径选择工具 ▶ 单击并拖出选框，选取所有图形，如图3-165所示。按住Shift键单击领子图形，取消对它们的选择，如图3-166所示。

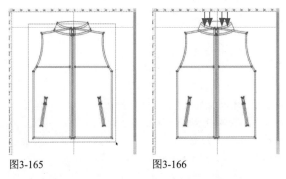

图3-165　　　　　　图3-166

12 按住Alt键单击"路径"面板底部的 ○ 按钮，打开"描边路径"对话框，选择用铅笔工具描边路径。按Ctrl+;快捷键隐藏参考线，如图3-167所示。

13 单击"图层"面板底部的 🗔 按钮，新建一个图层。按D键，恢复默认前景色和背景色。使用路径选择工具 ▶，按住Shift键单击外侧的两个领子图形，将它们选取，如图3-168所示。按住Alt键，单击"路径"面板底部的 ● 按钮，打开"填充子路径"对话框，用背景色（白色）填充路径区域，如图

3-169和图3-170所示。

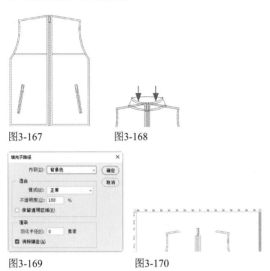

图3-167   图3-168

图3-169   图3-170

14 新建一个图层。使用路径选择工具 ➤ 拖出一个选框，选取所有的领子图形，如图3-171所示。单击"路径"面板底部的 ◯ 按钮，对所选路径进行描边，效果如图3-172所示。

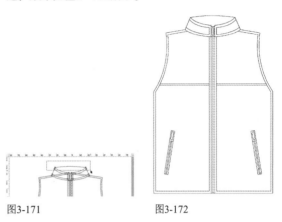

图3-171   图3-172

3.7 绘制口袋

前面几个实例都是通过绘制图形（路径），再对路径进行描边和填色来表现款式图的。本实例介绍一种全新的操作方法，它可以将绘图与填色和描边同步完成。这需要借助形状图层来实现。即将路径绘制在形状图层上，然后为形状图层设置填充和描边。本实例还会介绍缝纫线（虚线）的绘制方法。

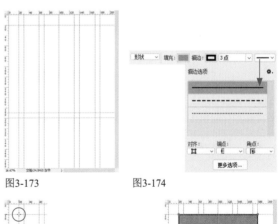

图3-173   图3-174

01 按Ctrl+N快捷键，创建一个A4大小的文档。按Ctrl+R快捷键显示标尺，拖出参考线，如图3-173所示。

02 选择矩形工具 ▭ 。在工具选项栏中选取"形状"选项，设置填充颜色为棕色、描边颜色为黑色，用直线描边，如图3-174所示。在图3-175所示处单击，在弹出的对话框中设置宽度为16厘米，高度为18厘米，按Enter键创建一个矩形，如图3-176和图3-177所示。它会保存到形状图层上。

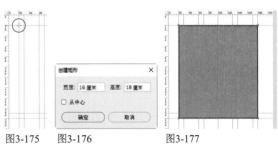

图3-175   图3-176   图3-177

03 选择添加锚点工具 ✒，在矩形底部中点处单击，添加一个锚点，如图3-178所示。使用直接

选择工具 ⭧ 移动锚点，如图3-179所示。

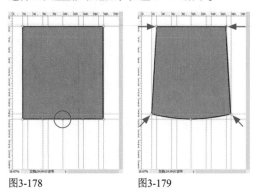

图3-178　　　　　图3-179

04 按Ctrl+J快捷键复制形状图层，如图3-180所示。按Ctrl+T快捷键显示定界框，在工具选项栏中输入缩放参数为96%，按Enter键确认，如图3-181所示。

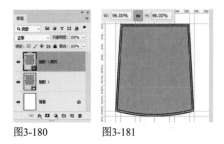

图3-180　　　　　图3-181

05 在工具选项栏中将该图形的描边改为虚线，如图3-182和图3-183所示。

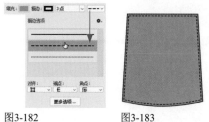

图3-182　　　　　图3-183

提示　　　　　　　　　　　*Point*

在制版和缝制时，虚线和实线有着完全不同的意义。款式图中的虚线一般是表示缝迹线，有时也是装饰明线。实线一般表示裁片分割线或外形轮廓线。

06 选择钢笔工具 ⌀，在工具选项栏中选取"形状"选项，设置填充颜色为棕色，描边颜色为黑色（直线描边），绘制内部的分割线，如图3-184所示。绘制明线（用虚线描边），如图3-185所示。

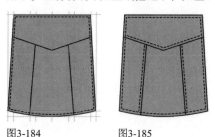

图3-184　　　　　图3-185

3.8　绘制腰头

在服装款式图中，很多图形都是对称的。例如，衣领、衣袖、口袋等。对于这样的图形，绘制出一个之后，将其复制到对称的位置上便可。前面几个实例都有涉及。使用的方法是通过参考线和智能参考线定位图形位置。本实例介绍数字定位方法，即通过参考点定位符+变换参数操作，这是最精确的图形定位方法。

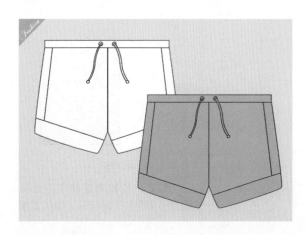

01 创建一个A4大小的文档。按Ctrl+R快捷键显示标尺，调整原点位置，如图3-186所示。从标尺上拖出参考线，如图3-187所示。

图3-186　　　　　图3-187

02 选择钢笔工具 ✐ 及"形状"选项，设置填充颜色为蓝色，描边颜色为黑色，用直线描边。绘制图形，如图3-188和图3-189所示。绘制绳带，如图3-190和图3-191所示。

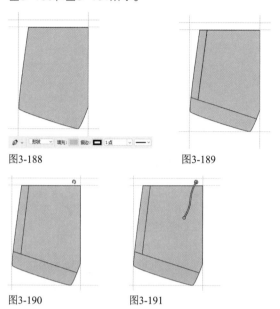

图3-188　　　　　　　图3-189

图3-190　　　　　　　图3-191

03 按住Shift键单击最下方的形状图层，将当前形状图层与它中间的所有图层选取，如图3-192所示，按Ctrl+G快捷键编入图层组中，如图3-193所示。按Ctrl+J快捷键复制该组，如图3-194所示。

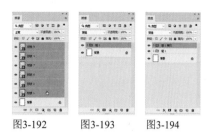

图3-192　　　图3-193　　　图3-194

04 按Ctrl+T快捷键显示定界框。在工具选项栏中单击参考点定位符右侧中间的方块 ▦，将变换的参考点定位到图形右侧中央，如图3-195所示。将W值设置为−100%，让图形水平翻转，如图3-196所示。

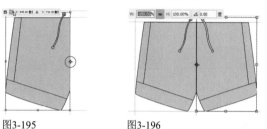

图3-195　　　　　　　图3-196

05 按Enter键确认。使用钢笔工具 ✐ 绘制腰头（与裤子或裙身缝合的带状部件）。按Ctrl+[快捷键，将该形状图层移动到最底层。效果如图3-197所示。

图3-197

3.9　服装款式整体设计图稿

本实例制作服装款式的整体设计图稿，从绘制款型、刻画细节，到添加纹理、绘制图案，再到上色等，展现了与款式设计相关的一整套流程。

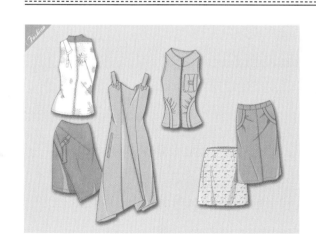

3.9.1　绘制和描边线稿

01 按Ctrl+N快捷键，打开"新建文档"对话框，选择预设的A4文件，单击 ▣ 按钮，将文档调整为横向，如图3-198所示。创建文件以后，按住Alt键分别单击"图层"面板和"路径"面板中的 ▢ 按钮，在弹出的对话框中输入名称为"线稿"，创建以它命名的图层和路径层，如图3-199和图3-200所示。

图3-198

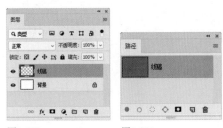

图3-199　　　　　　图3-200

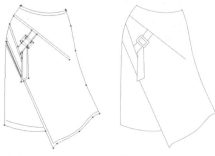

图3-204　　　　　　图3-205

04 按Ctrl＋N快捷键，创建一个50像素×50像素，分辨率为300像素/英寸，透明背景的文件（在"背景内容"下拉列表中选择"透明"选项），如图3-206所示。下面来绘制一条短线。由于文档尺寸太小不好操作，可以先按Ctrl+0快捷键，将文档窗口放大到计算机屏幕大小，再使用画笔工具 ✎（硬边圆4像素）绘制短线，如图3-207所示。

图3-206　　　　　　图3-207

02 选择钢笔工具 ✍，在工具选项栏中选取"路径"选项。绘制裙子的大轮廓，如图3-201所示。绘制完轮廓以后，继续绘制裙子的细节，如图3-202所示。

图3-201　　　　　　图3-202

05 执行"编辑"|"定义画笔预设"命令，打开"画笔名称"对话框，如图3-208所示，将绘制的短线定义为画笔笔尖。然后到"画笔设置"面板中设置它的参数，如图3-209所示。

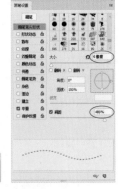

> **技巧**
>
> 绘制好一段路径后，按住Ctrl键切换为直接选择工具 ▷，单击空白处，可结束该路径的绘制，放开Ctrl键恢复为钢笔工具 ✍，可以继续绘制下一段路径。

图3-208　　　　　　图3-209

03 选择画笔工具 ✎，选择硬边圆笔尖，设置大小为1像素，如图3-203所示。使用路径选择工具 ▷，按住Shift键单击除缝线以外的所有路径，将它们选取，如图3-204所示。单击"路径"面板底部的 ○ 按钮，用画笔对所选路径进行描边，如图3-205所示。

图3-203

06 单击面板左侧的"形状动态"选项，设置"角度抖动"的"控制"为"方向"，如图3-210所示。使用路径选择工具 ▷ 选择一段路径，单击"路径"面板底部的 ○ 按钮进行描边，这样明线（虚线）都会沿着路径的方向整齐排列。在"路径"面板的空白处单击隐藏路径，效果如图3-211所示。

图3-210　　　　　图3-211

07 使用钢笔工具 ✐ 绘制裙子的明线。分别选取各个明线，进行描边，如图3-212所示。采用同样的方法绘制其他款式服装的线稿，如图3-213所示。

图3-212　　　　　图3-213

08 选择橡皮擦工具 ✐ ，设置"不透明度"为100%，擦除服装被遮挡部分线条。将不透明度设置为30%，对明线进行擦拭，减淡其颜色，使主体线条更加明显，如图3-214所示。

图3-214

3.9.2　为衣服上色

01 选择魔棒工具 ✐ ，按住Shift键单击左上角衣服的领子区域，将其选取，如图3-215所示。使用"选择"|"修改"|"扩展"命令扩展选区，如图

3-216所示。

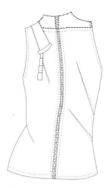

图3-215　　　　　图3-216

02 按住Ctrl键，单击"图层"面板底部的 ▢ 按钮，在"线稿"图层下方创建一个名称为"颜色"的图层，如图3-217所示。将前景色设置为浅蓝色，按Alt+Delete快捷键填色，按Ctrl+D快捷键取消选择，如图3-218所示。

图3-217　　　　　图3-218

03 单击"线稿"图层前面的眼睛图标 👁 ，隐藏该图层，如图3-219所示。使用画笔工具 ✐ （硬边圆笔尖）将漏填颜色的区域补充完整，如图3-220所示。

图3-219　　　　　图3-220

04 使用魔棒工具 ✐ 选择衣服上其他未着色的区域，并用白色填充，如图3-221所示（为便于观察可添加黑色背景作为衬托）。使用魔棒工具 ✐ 选择白色区域。将前景色重新设置为浅蓝色（R：154，G：195，B：223）。选择画笔工具 ✐ ，打开"画笔"下拉面板，在"旧版画笔"|"特殊效果画笔"列表中选择"杜鹃花串"笔尖，并调整参数，如图3-222所示。在选区内绘制花纹，如图3-223所示。

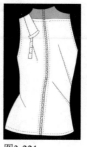
图3-221

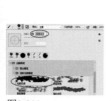
图3-222

图3-223

05 使用魔棒工具 🖌 在另外一件上衣建立选区。使用"选择"|"修改"|"扩展"命令对选区进行扩展（扩展量为1像素），效果如图3-224所示。将前景色设置为浅绿色。选择尖角笔尖，如图3-225所示。单击面板左侧的"纹理"选项。在面板右侧单击 ⚙ 按钮，打开"图案"下拉面板，加载面板菜单中的"艺术表面"图案库，然后选择"纱布"纹理并设置参数，如图3-226所示。

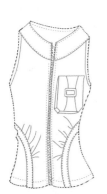
图3-224

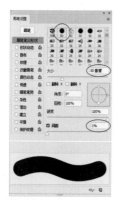
图3-225

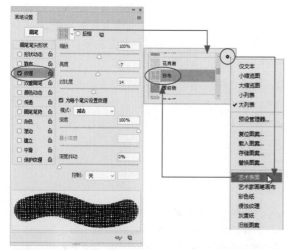
图3-226

06 单击"颜色"图层，如图3-227所示。按[键和]键，将笔尖调整为合适大小，在选区内绘制浅绿色纹理，如图3-228所示。采用同样的方法为其他服装上色，效果如图3-229所示。

图3-227

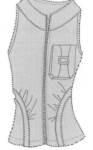
图3-228

图3-229

3.9.3 表现不同的质感与花纹

01 按Shift+Ctrl+N快捷键，打开"新建图层"对话框，将新图层"名称"设置为"纹理 1"，设置"模式"为"叠加"，选取"填充叠加中性色（50%灰）"选项，按"确定"按钮，创建一个中性色图层，如图3-230和图3-231所示。

图3-230

图3-231

提示 *Point*

中性色图层是填充了中性灰的图层，在混合模式的作用下，可用于修改图像的色调，也可以承载滤镜。"7.4 写意风格——职业装"（第159页）也用到了这种图层，并有详细介绍。

02 执行"滤镜"|"纹理"|"纹理化"命令，打开"滤镜库"，添加纹理效果，如图3-232和图3-233所示。

图3-232　　　　　　图3-233

所示。双击该图层，打开"图层样式"对话框，在左侧列表中选择"图案叠加"选项，添加该效果。单击"图案"选项右侧的 按钮，打开下拉面板，单击面板右上角的 按钮，在打开的菜单中选择"彩色纸"命令，加载该图案库，选择"树叶图案纸"，如图3-239所示。

03 单击"图层"面板底部的 按钮，添加图层蒙版。使用画笔工具 （尖角笔尖），在右侧的几件衣服上涂抹黑色，通过蒙版将纹理遮盖住，只让最左侧的衣服和裙子保留纹理，如图3-234所示。

图3-234

04 用同样的方法为浅绿色衣服添加纹理。可以先创建一个"叠加"模式的中性色图层，然后用"滤镜"|"纹理"|"龟裂缝"滤镜添加纹理，再通过图层蒙版控制纹理范围，如图3-235~图3-237所示。

图3-235

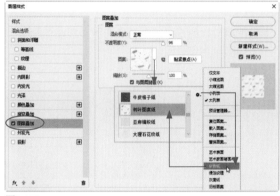

图3-238

图3-239

06 选择右边的短裙。单击"图层"面板底部的 按钮，为"纹理3"图层添加蒙版，让它的效果只应用于短裙，如图3-240和图3-241所示。

图3-240　　　　　　图3-241

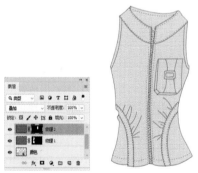

图3-236　　　　　　图3-237

05 按Shift+Ctrl+N快捷键，创建一个"叠加"模式的中性色图层（即"纹理3"），如图3-238所示。

07 单击"图层"面板和"路径"面板中的 按钮，分别创建名称为"褶皱"的图层和路径层，如图3-242和图3-243所示。

图3-242　　　　　　图3-243

08 使用钢笔工具 ✑ 在服装的暗部和亮部绘制路径。单击"路径"面板下方的 ● 按钮，分别用适当的颜色填充路径，如图3-244和图3-245所示。

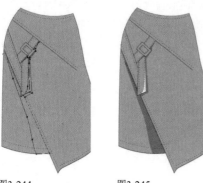

图3-244　　　　图3-245

09 采用同样的方法绘制并填充所有服装的褶皱，如图3-246所示。

图3-246

10 调整图层的不透明度为60%，使褶皱处呈现出浅浅的纹理，如图3-247所示。

图3-247

11 单击"图层"面板和"路径"面板底部的 ◻ 按钮，分别创建名称为"花纹"的图层和路径层，如图3-248和图3-249所示。

图3-248　　　　图3-249

12 使用钢笔工具 ✑ 绘制路径，如图3-250所示。将前景色设置为浅棕色。使用画笔工具 ✏ （尖角笔尖）描边路径，效果如图3-251所示。使用橡皮擦工具 ✐ 将多余的部分擦除，如图3-252所示。

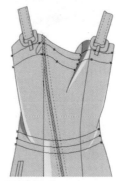

图3-250

图3-251　　　　图3-252

13 打开素材，如图3-253所示。这是一个JPEG格式的文件，这种格式可以存储路径。单击路径层，如图3-254所示，使用路径选择工具 ▶ 拖出一个选框，将图形选取，如图3-255所示。将光标放在图形内部，单击并向服装款式图文档的标题栏拖曳，如图3-256所示，停留片刻，可切换到该文档，然后将图形拖入该文档中。整个操作过程与在文档间拖曳图像是一样的。按Ctrl+T快捷键显示定界框，按住Shift键拖曳控制点，对花纹进行等比缩放，如图3-257所示。按Enter键确认。

图3-253　　　图3-254　　　　　图3-255

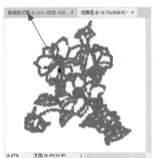 

图3-256　　　　　　　图3-257

14 将前景色设置为黑色。选择画笔工具 ✏（尖角1像素笔尖），单击"路径"面板底部的 ◯ 按钮，用画笔描边路径，如图3-258所示。选择橡皮擦工具 ✎，将超出裙子轮廓部分的花纹擦掉，如图3-259所示。

图3-258　　　　　　　图3-259

15 双击"颜色"图层，打开"图层样式"对话框，为服装添加"投影"效果，如图3-260和图3-261所示。

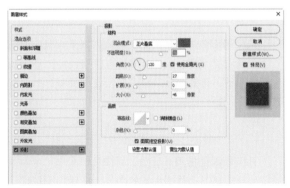

图3-260

图3-261

16 将前景色设置为白色。使用画笔工具 ✏（柔角笔尖，"不透明度"为20%）在服装上绘制一些柔和的高光，如图3-262~图3-264所示。整体效果如图3-265所示。

图3-262

图3-263　　　　　　图3-264

图3-265

第4章 图案

4.1 图案类型

服装图案是指服装结构形成的装饰纹样和附着在服装之上的装饰纹样，包括植物图案、动物图案、人物图案、几何图案、文字图案、肌理图案、抽象图案等类型。

4.1.1 植物图案

植物图案是以自然界中的植物形象为素材创作的图案，在服装上的应用是最广最多的，如图4-1和图4-2所示。植物图案中花卉形态的变化最为灵活，在设计者的塑造下，可以适应各种服装的任何部位、任何工艺形式的需要，也可以被赋予特定的含义。

图4-1　　　　　图4-2

4.1.2 动物图案

动物图案在服装的装饰部位多用在胸部、肩部、背部、衣袋、衣边等处。在服饰配件方面，则多用于皮带头、纽扣、首饰等。

动物图案一般不能像花卉图案那样变化丰富，但其所具有的动态特征和表情特征是花卉图案所不能及的。动物图案能通过拟人化的处理，使服装增加趣味性和装饰性，如图4-3所示。

4.1.3 人物图案

人物图案在胸片上出现最多，具有新颖、奇特、视觉冲击力强等特点，能增强服装的表现力，体现时尚感，如图4-4所示。

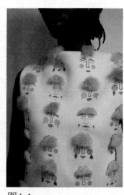

图4-3　　　　　图4-4

4.1.4 风景图案

风景图案多应用于头巾、披肩，以及大面积装饰上（如连衣裙、睡衣）。有表现自然景观的，有表现人文景观的，有体现城市特点的，也有反映乡村风貌的，如图4-5所示。

4.1.5 几何图案

几何图案是指用点、线、面或几何图形（分为不规则形与规则形）等组合成的图案，主要用于现代、简约风格的服装中，如图4-6所示。

图4-5　　　　　　图4-6

图4-7　　　　　　图4-8

4.1.6 肌理图案

肌理具有唯一性，因而肌理图案往往能够表现与众不同的个性，如图4-7所示。肌理图案常用于个性化明显的舞台装、T台服等，在皮质提包、钱包等服饰配件上的使用也比较广泛。

4.1.8 抽象图案

在图案体系里，除具象图案外都是抽象图案。抽象图案能表现现代感，体现抽象美，给人以想象的空间，如图4-9和图4-10所示。抽象图案主要应用于现代风格的服装中，尤其适合简约时尚的年轻人。

4.1.7 文字图案

文字图案分可为具象文字和抽象文字、中国文字和外国文字、空心字和实心字等不同类别。文字图案在服装上的应用主要有两个方向：一是表达自由、随意的休闲服饰，如图4-8所示；另一个是突出品牌名称的高端服饰。

图4-9　　　　　　图4-10

4.2　图案的构成形式

服装图案的构成形式取决于装饰的目的、内容、对象、部位，以及材料的性能、工艺制作条件等。图案的构成形式可分为单独纹样、适合纹样、二方连续纹样、四方连续纹样和综合纹样几种类型。

4.2.1 单独纹样

单独式的纹样不受轮廓限制，外形完整独立。单独纹样是图案中最基本的单位和组织形式，既可以单独使用，也是构成适合纹样、连续纹样的基础。

对称式纹样··

对称式纹样采用上下对称或左右对称、等形等量分配的形式，特点是结构严谨、庄重大方，如图4-11所示。

均衡式纹样··

均衡式是指在不失去重心的情况下，上下、左右纹样可以不对称，但总体看起来是平衡的、稳定的。其特点是生动丰富，穿插灵活，富于动态美，如图4-12所示。

图4-11　　　　　　图4-12

4.2.2 适合纹样

适合纹样区别于单独纹样的特点，在于其必须有一定的外形，即将一个或几个完整的形象装饰在一个预先选定好的外形内（如正方形、圆形、三角形），使图案自然、巧妙地适合于形体。它包括形体适合、边缘适合、角隅适合几种形式。

形体适合纹样

形体适合纹样的外形可以分为几何形体和自然形体两种。几何形体有圆形、六边形、星形等；自然形体有桃形、莲花形、葫芦形、扇形、水果形、文字形等，如图4-13所示。

边缘适合纹样

边缘适合纹样是指装饰在特定形体四周边缘的纹样，如图4-14所示。这种纹样在构成形式上与二方连续纹样有相似之处。不同的是二方连续纹样可以无限延伸，而边缘适合纹样受到被装饰部位尺度的限制，首尾必须相接。

图4-13 　　　　　　　　　　图4-14

角隅适合纹样

角隅适合纹样是装饰在形体转角部位的纹样，又称边角图案，如图4-15所示。这种纹样大多与边缘转角的形体相吻合，如领角、衣角、头巾方角等。

图4-15

4.2.3 二方连续纹样

二方连续是运用一个或几个单位的装饰元素组成单位纹样，进行上下或左右方向有条理的反复排列所形成的带状连续形式，因此又称带状纹样或花边，如图4-16和图4-17所示。

服装中的花边和挑花运用在门襟、底边，凡朝两个方向发展的花形图案都是二方连续纹样。

4.2.4 四方连续纹样

四方连续是将一个或几个装饰元素组成基本单位纹样，进行上下左右4个方向反复排列的、可无限扩展的纹样，如图4-18和图4-19所示。

图4-16 　　　　　　　　　　图4-17

图4-18 　　　　　　　　　　图4-19

4.2.5 综合纹样

综合纹样是指结合了单独纹样、适合纹样、二方连续纹样、四方连续纹样中任意两种或两种以上的形式而产生的相对独立的图案。

另外，连续纹样与独立纹样有着明显的区别，前者必须保持图案在设计过程中的连续性，后者则无须顾及"连续"，只要在相对自由的范围内自身组成纹样造型即可。

提示

服装图案的工艺形式有以下几种。

印染：服装图案中运用最广的一种工艺形式。具有成本低、花型活泼、色彩变化丰富等特点，适合大批量生产。

手绘：即徒手用颜料在服装上绘制图案。主要用于一些特定的服装，如表演服、礼服等。

织花：纺织品在织造过程中形成图案的一种工艺形式。由于织造手法不同，又分为提花和色织两种形式。织花布是大批量生产的产品，花形具有工整规范的特点，但变化不如印花丰富活泼。

刺绣：用绣花线在纺织品或其他服装材料上组成图案的一种工艺形式，一般通过线迹表现图案纹样，显得十分精致。

编织：用绳加工服装的一种手法，可通过编织针法的变化形成或平实、或凸起、或镂空的图案，肌理感丰富，图案显得含蓄、质朴。

4.3 制作单独纹样

单独纹样是服饰图案的基础，通过对单独纹样的复制与排列，可以构成二方连续、四方连续，以及独幅式综合图案。下面使用Photoshop中的形状（即矢量图形）制作一个单独纹样。这是一个对称的花纹图形，由若干个基本图形通过变换+复制的方法组合而成。实例中将使用几种不同的变换方法，并通过参考线、参考点、变换参数设定等加以准确定位。这些方法囊括了Photoshop变换方面的常用技巧，初次使用可能有一点点难度，但掌握之后，就会受用无穷。在本实例中，所有形状将存放在形状图层上，以保持其矢量属性。因此，这种方法制作的纹样是矢量图形，可以任意缩放，清晰度不会发生改变。

4.3.1 以参考点为基准创建图形

01 创建一个20厘米×20厘米、分辨率为300像素/英寸的RGB模式文件。按Ctrl+R快捷键显示标尺。下面创建参考线，将画面中心定位出来。将光标放在水平标尺上，按住Shift键单击并向下拖曳鼠标，拖出参考线，把它放在垂直10厘米的位置上，如图4-20所示。由于按住了Shift键，参考线会自动对齐到标尺的整数刻度线上。另外也可以观察智能参考线的提示，到达10厘米的位置便可放开鼠标了。采用同样的方法，在水平10厘米处放置一条参考线，如图4-21所示。

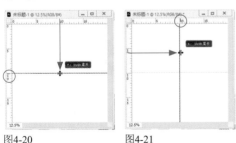

图4-20　　　　图4-21

提示 *Point*

使用"视图"|"新建参考线"命令，可以在画布上的指定位置创建参考线。

02 选择自定形状工具，在工具选项栏中选取"形状"选项，设置填充颜色为"淡冷褐"色，用白色描边，宽度为8像素。打开"形状"下拉面板菜单，选择"全部"命令，将Photoshop提供的所有形状都加载到面板中。选取图4-22所示的图形。

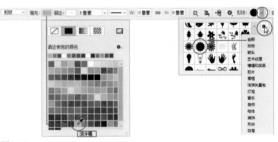

图4-22

03 将光标放在参考线的交点上，它是画面的中心，如图4-23所示，单击鼠标，弹出"创建自定形状"对话框，选取"从中心"选项并设置参数，按Enter键，在画面中心（鼠标单击点）创建一个大小为7厘米的图形，如图4-24和图4-25所示。这个图形会保存到形状图层上，如图4-26所示。

图4-23　　　　图4-24

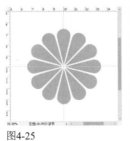

图4-25

图4-26

71

04 下面再创建一个深色图形。单击"图层"面板底部的 按钮,新建一个图层。然后在工具选项栏中修改填充颜色,无描边(之所以先创建图层,是因为如果没有新建一个图层,则画面中图形所在的形状图层就是当前图层,这样操作会修改当前图形的填色和描边)。选取图4-27所示的图形。

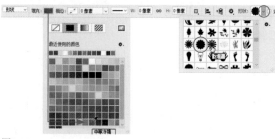

图4-27

05 下面在画面中心绘制该图形。这一次借助参考线和智能参考线来对齐图形。这种方法在对图形没有精确尺寸要求的情况下,可以非常灵活地进行绘制。将光标放在参考线的交点上,按住Shift键(锁定比例)单击并拖曳鼠标绘制图形。如果没有对齐到交点,则不要放开鼠标按键,这时按住空格键拖曳鼠标,移动图形的位置,直至画面中心出现十字形智能参考线,如图4-28所示,此时便可放开鼠标了,如图4-29所示。

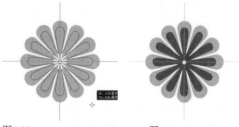

图4-28   图4-29

06 新建一个图层。选择椭圆工具 ○ 及"形状"选项,设置填充颜色为"淡冷褐"色,如图4-30所示。创建一个椭圆形,如图4-31所示。

图4-30

图4-31

07 按住Shift键,单击"形状1"图层,将这3个图形所在的图层选取,如图4-32所示。执行"图层"|"对齐"|"水平居中"命令,将这几个图形(主要是椭圆)对齐到画面中心,如图4-33所示。

图4-32   图4-33

08 按Ctrl+T快捷键显示定界框。下面检查图形位置是否正确。观察工具选项栏,如果显示的是X10厘米,Y10厘米,就说明中心点在画面的中心。如果不是这个数值,则说明图形的位置出现偏离。这是由于创建图形时,光标没有对齐到中心点造成的。另外也可能没有按照智能参考线的提示操作。这样也不要紧,将参数修改为X10厘米,Y10厘米就行了。好了,按Esc键取消定界框。执行"选择"|"取消选择图层"命令,取消对图层的选取。单击"图层"面板底部的 按钮,创建一个图层组。将椭圆所在的形状图层拖入该组,如图4-34和图4-35所示。

图4-34   图4-35

4.3.2 以画面中心为基准复制图形

01 按Ctrl+T快捷键显示定界框。在工具选项栏的参考点定位符上单击,将参考点定位到图形下方,如图4-36所示。将光标放在参考点上,将它从定界框里拖出来,如图4-37所示。之后在工具选项栏中将Y设置为10厘米,这样就将椭圆的参考点放置在画面中心了,如图4-38和图4-39所示。

图4-36   图4-37

图4-38

图4-39

02 在工具选项栏中设置图形的旋转角度为30度，如图4-40和图4-41所示。按Enter键确认。按住Shift+Ctrl+Alt快捷键，之后连按11下T键，复制出一圈椭圆形，如图4-42所示。将这个图层组关闭，在它上方创建一个图层，如图4-43所示。

图4-40　　　　　　　图4-41

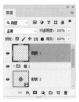

图4-42　　　　　　　图4-43

03 选择自定形状工具 ✿，按住Shift键拖曳鼠标，创建一个白色的图形，如图4-44所示。按住Shift键单击最下方的形状图层，将所有形状图层选取，如图4-45所示，按Ctrl+G快捷键将其编入一个图层组中。在这个组的名称上双击，显示文本框后，修改名称为"中心图形"，如图4-46所示。

图4-44　　　　　图4-45　　　　　图4-46

04 单击"图层"面板底部的 ▢ 按钮，新建一个图层组，修改名称为"外侧图形-1"。单击 ▣ 按钮，在这个组中新建一个图层，如图4-47所示。在工具选项栏中设置填充和描边颜色（宽度为3像素），如图4-48所示。

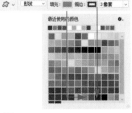

图4-47　　　　　　图4-48

05 绘制图4-49所示的图形。按Ctrl+T快捷键显示定界框。将光标放在定界框右上角，按住Shift键拖曳鼠标，图形会以15度为增量进行旋转。观察智

能参考线提示，当图形旋转15度以后，如图4-50所示，按Enter键确认。如果担心角度不够精确，可以在工具选项栏中输入旋转角度。

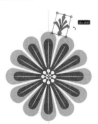

图4-49　　　　　　　图4-50

06 按Ctrl+T快捷键显示定界框。将参考点向下拖曳，如图4-51所示。之后在工具选项栏中将X和Y值均设置为10厘米。通过这种方法，将参考点定位在画面中心，如图4-52所示。

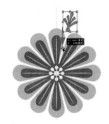

图4-51　　　　　　　图4-52

07 按住Shift键拖曳鼠标，或者在工具选项栏中输入旋转角度为30度，如图4-53所示。按Enter键确认。按住Shift+Ctrl+Alt快捷键，之后连按11下T键，复制出一圈图形，如图4-54所示。

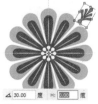

图4-53　　　　　　　图4-54

08 单击"图层"面板底部的 ▢ 按钮，新建一个名称为"外侧图形-2"的图层组。单击 ▣ 按钮，在该组中新建一个图层，如图4-55所示。在工具选项栏中设置填充和描边颜色，如图4-56所示。

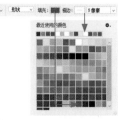

图4-55　　　　　　图4-56

09 绘制图4-57所示的图形。注意观察智能参考线，将图形对齐到画面中心。按Ctrl+T快捷键显

示定界框。先将参考点从定界框里拖出来，如图4-58所示。之后在工具选项栏中将X和Y值均设置为10厘米，即定位在画面中心，如图4-59所示。然后输入旋转角度为30度，如图4-60所示。按Enter键确认。按住Shift+Ctrl+Alt快捷键，之后连按11下T键，复制出一圈图形，如图4-61所示。

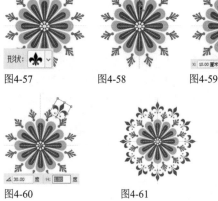

图4-57　　图4-58　　图4-59

图4-60　　图4-61

10 在组外新建一个图层。使用椭圆工具 ◯，按住Shift键拖曳鼠标创建圆形。将该图层放在"背景"图层上方，效果如图4-62所示。创建一个名称为"外侧图形-蝴蝶"的图层组。在组中新建一个图层。采用相同的方法，绘制蝴蝶图形，之后复制出一圈，如图4-63所示。

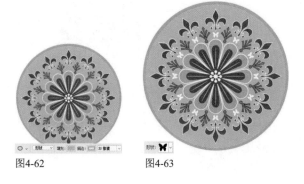

图4-62　　　　　　图4-63

4.4 用脚本图案制作二方连续

Photoshop中有一个非常强大的图案填充功能——"填充"命令。绘制并定义好图案以后，可以使用该命令对图案进行填充。使用其中的脚本图案，可以轻松地创建各种几何填充效果。例如，可以让图案像砖块一样错位排列、可以十字交叉排列、可以沿螺旋线排列、可以对称填充、可以随机排布，等等。"填充"命令的优点是操作简单、图案的填充效果丰富。缺点有两个，一是在填充时，图案是作为图像应用的，图案的比例如果放大，则清晰度会下降。另外，修改起来没有矢量图形方便。

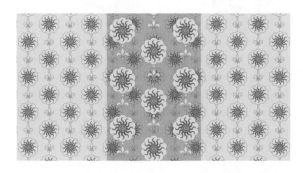

01 选择自定形状工具 ⋩，在工具选项栏中选取"形状"选项，设置填充和描边颜色（描边宽度为6像素）。打开"形状"下拉面板菜单，选择图4-64所示的图形。

图4-64

02 创建一个8厘米×16厘米、分辨率为300像素/英寸的RGB模式文件。按Ctrl+R快捷键显示标尺。按住Shift键，分别从水平标尺和垂直标尺上拖出参考线，放在水平和垂直4厘米的位置上，如图4-65所示。按住Shift键绘制图形，如图4-66所示。

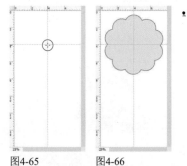

图4-65　　　　图4-66

03 新建一个图层。在"形状"下拉面板中选择"太阳1"图形，调整填充颜色（R: 0；G: 117，

B：169）。按住Shift键拖曳鼠标，绘制该图形，如图4-67所示。操作时注意观察智能参考线，通过它的辅助对齐图形。新建一个图层。选择"花形装饰2"图形，绘制该图形，修改填充颜色（R：219，G：239，B：240），如图4-68所示。

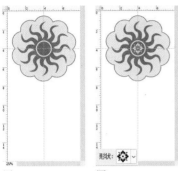

图4-67　　　　　图4-68

04 新建一个图层。使用椭圆工具 ⬭，按住Shift键拖曳鼠标创建圆形，如图4-69所示。新建一个图层。在"形状"下拉面板中选择"百合花饰"图形，使用自定形状工具 ⚒，按住Shift键拖曳鼠标，绘制该图形，如图4-70所示。新建一个图层。按Shift+Ctrl+[快捷键，将其移至所有图形的最底层。使用直线工具 ╱ 按住Shift键创建一条直线，如图4-71所示。

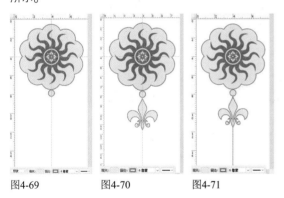

图4-69　　　　图4-70　　　　图4-71

05 在"背景"图层的眼睛图标 👁 上单击，隐藏该图层，如图4-72所示。让图案处于透明背景上。执行"图像"|"图像旋转"|"逆时针90度"命令，旋转画布，如图4-73所示。

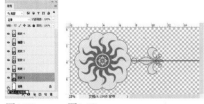

图4-72　　　　图4-73

06 选择裁剪工具 ⛶。将左侧的裁剪框拖曳到图案的边缘（让裁剪框紧贴图案左侧边缘），右侧也适当向内拖曳，即让图案位于裁剪框内，如图4-74

所示。这样填充图案时，各个单元才能衔接起来。按Enter键确认。执行"编辑"|"定义图案"命令，将图形定义为图案，如图4-75所示。

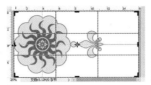

图4-74　　　　　　　图4-75

07 按Ctrl+N快捷键，创建一个A4大小的文件（210像素×297像素），并填充颜色（R：219，G：239，B：240）。新建一个图层。执行"编辑"|"填充"命令，打开"填充"对话框，选取"图案"选项及自定义的图案，选取"脚本"及"砖形填充"选项，如图4-76所示。单击"确定"按钮，弹出"砖形填充"对话框，设置参数，如图4-77所示，单击"确定"按钮，填充图案，如图4-78所示。执行"图像"|"图像旋转"|"顺时针90度"命令，旋转画布，效果如图4-79所示。

图4-76

图4-77

图4-78　　　　　图4-79

4.5 制作几何图形四方连续

四方连续的常见排法有梯形连续、菱形连续和四切（方形）连续等。它们有一个共同特点，即图案组织上下、左右都能连续，构成循环图案。本实例介绍用几何图形制作四方连续的方法。

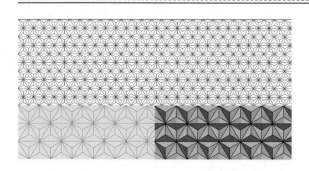

01 按Ctrl+N快捷键，创建一个1000像素×1000像素、分辨率为72像素/英寸的RGB模式文件。

02 下面用矢量工具绘制基本图案单元。选择矩形工具 ▢ ，在工具选项栏中选取"形状"选项，设置描边为5像素，颜色为黑色，无填充。在画布上单击鼠标，弹出"创建矩形"对话框，创建一个200像素×200像素的正方形，如图4-80和图4-81所示。它会保存在一个形状图层中，如图4-82所示。

03 按Ctrl+T快捷键，显示定界框。在工具选项栏中设置图形的斜切角度为30度，如图4-83所示。按Enter键确认。

图4-80 　　　　　　　　　图4-81

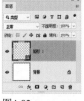　　　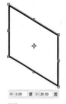

图4-82 　　　　　　　　　图4-83

04 选择直线工具 ╱ ，设置与矩形相同的参数，即选取"形状"选项，设置描边为5像素，颜色为黑色，无填充。在矩形内部绘制一条斜线，如图4-84所示。操作时，按住空格键拖曳鼠标可以移动直线。放开空格键拖曳，可继续绘制直线，或者调整直线的角度，运用这个技巧调准直线的位置。按住Ctrl键单击矩形所在的形状图层，将它与直线图层同时选取，如

图4-85所示。按Ctrl+J快捷键复制，如图4-86所示。

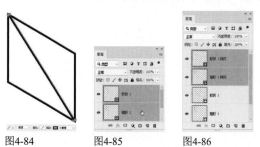

图4-84 　　　　　图4-85 　　　　　图4-86

05 按Ctrl+T快捷键显示定界框，单击鼠标右键，打开快捷键菜单，选择"垂直翻转"命令，如图4-87所示，将复制的图形翻转。按住Shift键向下移动。注意观察，当两组图形中间出现智能参考线时，就可以放开鼠标了，如图4-88所示。按Enter键确认。

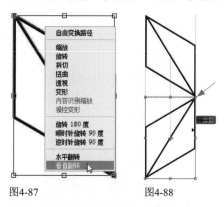

图4-87 　　　　　　　　　图4-88

06 用直线工具 ╱ 在图形顶部创建一条直线。可以这样操作，单击并拖出直线以后，按住Shift键，此时直线会被强制为水平线，之后按住空格键拖曳鼠标，移动直线，将它对齐到图形的左上角，当左上角对齐，以及直线长度与矩形相同时，会出现相应的智能参考线，通过它的辅助，非常容易对齐图形，如图4-89和图4-90所示。

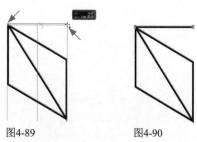

图4-89 　　　　　　　　　图4-90

07 按住Ctrl键（临时切换为路径选择工具 ▶ ）+Shift键（锁定垂直方向）+Alt键，向下拖曳这条直线，将其复制到矩形下方，如图4-91所示。按住Shift键，单击图层列表最底部的形状图层，将它与当前图层之间的所有图层都选取，如图4-92所示。按Ctrl+G快捷键将其编入一个图层组中，如图4-93所示。

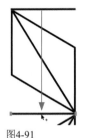  

图4-91　　　　图4-92　　　　图4-93

08 按Ctrl+J快捷键复制该图层组，如图4-94所示。按Ctrl+T快捷键显示定界框，单击鼠标右键，打开快捷键菜单，选择"水平翻转"命令，将复制的图形翻转，如图4-95所示。按住Shift键，将其拖曳到右侧对称位置，如图4-96所示。注意观察两个图形的衔接位置，正确的衔接是一个图形刚好压在另个一图形上，如图4-97所示。而不是并排排列的，否则中间就是两条直线的宽度，这是错误的，如图4-98所示。

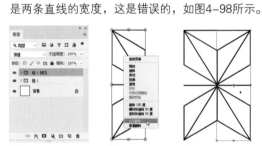

图4-94　　　　图4-95　　　　图4-96

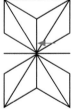 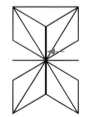

图4-97　　　　图4-98

09 在"背景"图层的眼睛图标 ⊙ 上单击，隐藏该图层，让图形处于透明背景上，如图4-99和图4-100所示。

 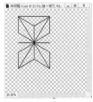

图4-99　　　　图4-100

10 执行"图像"|"裁切"命令，在打开的对话框中选取"透明像素"选项，如图4-101所示，将图形周围的透明区域裁掉，如图4-102所示。

 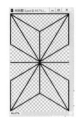

图4-101　　　　图4-102

11 选择裁剪工具 ⊟ ，将光标放在左侧的裁剪框上，单击并向右侧拖曳一点，让图形左侧边线处于裁剪框外部，如图4-103所示。为了准确操作，可以按Ctrl++快捷键将视图比例调大，这样更容易看清裁剪位置，如图4-104所示。按Enter键，将图形左侧边线裁掉，如图4-105所示。

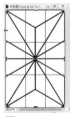  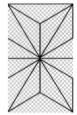

图4-103　　　　图4-104　　　　图4-105

12 执行"编辑"|"定义图案"命令，将图形定义为图案，如图4-106所示。

图4-106

13 按Ctrl+N快捷键，创建一个A4大小的文件。新建一个图层。选择油漆桶工具 ◇ ，在工具选项栏中选取"图案"选项，打开"图案"下拉面板，选择自定义的图案，如图4-107所示，在画面中单击鼠标，填充该图案，如图4-108所示。

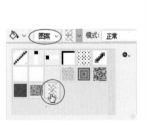 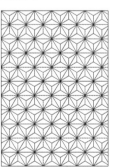

图4-107　　　　图4-108

14 如果觉得黑白图形单调，可以单击"调整"面板中的 ▦ 按钮，在图形上方创建"色相/饱和度"调整图层，选取"着色"选项并调整参数，如图4-109所示，为图形上色。之后按Alt+Ctrl+G快捷键创建剪贴蒙版，使调整图层只对图形有效，再为背景填充一种颜色，效果如图4-110所示。

图4-109

图4-110

技巧

在几何图形的各个单元格中填充颜色，可以制作出彩色的几何形四方连续图案。

填色后的图形

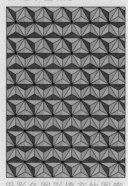
用彩色图形填充的图案

4.6 制作四方连续纹样

几何图形四方连续的要点在于对称，而非几何图形（图像或其他形状）四方连续的关键点则是衔接，即各个图案单元之间是无缝衔接的。本实例介绍这种四方连续的制作方法。

01 按Ctrl+N快捷键，创建一个10厘米×10厘米、分辨率为300像素/英寸的RGB模式文件。

02 首先创建一个基本图案单元，为了确保用它填充以后，各个图案单元能够无缝衔接，构成循环图案，需要使用参考线来准确定位图案位置。按Ctrl+R快捷键显示标尺。执行"视图"|"新建参考线"命令，在水平标尺1厘米的位置创建一条垂直的参考线，如图4-111和图4-112所示。

图4-111

图4-112

03 采用同样的方法再创建3条参考线，参数分别为："垂直""位置"为9厘米，"水平""位置"为1厘米，"水平""位置"为9厘米，如图4-113所示。这样就通过4条参考线划出了一个矩形范围，这个矩形里边就是将要制作的一个图案单元，参考线以外的部分之后可以裁掉。参考线创建好以后，打开素材，如图4-114所示。

图4-113

图4-114

04 选择移动工具 ✛，按住Shift键，将"心形图案"图层拖入图案文档。由于按住了Shift键，该图像的中心会自动对齐到当前文档的中心，如图4-115所示。打开"视图"|"显示"菜单，看一下"智能参考线"命令前方是否有一个"√"，如果有，就继续下面的操作。没有的话，就单击该命令，启用智能参考线，以方便接下来对齐图像。

05 由于四方连续图案是向四周延续的，所以要对四条边线上接口的图案进行精确的计算，才能使制作出来的图案紧密地相互链接。使用矩形选框工具 [ ]，将红白条纹心形图案超出预计的部分选取，如图4-116所示。

图4-115　　　　　　　图4-116

06 将光标放在选区内，按住Shift键（锁定水平方向）向右平移选中的心形，拖曳到单元图案的右侧，这样制作出来的图案单元之间就能相互链接上了，如图4-117所示。采用相同的方法，将图像中超出参考线的部分移向画面对角（上面的下移，下面的上移，右边的向左移动），如图4-118所示。

图4-117　　　　　　　图4-118

提示　　　　　　　　　　　　　　　Point

可以从素材文件中选择单个心形图案，拖入当前文档后进行重组，构成想要的图案。也可以采用收集到的其他素材。要注意的是，在参考线的中间，一定要预留出足够的空间，放置参考线以外的图像。

07 分两次选取右上角的图像，分别移动到画面左侧和左下角，如图4-119~图4-122所示。

图4-119　　　　　　　图4-120

图4-121　　　　　　　图4-122

08 按Alt+Ctrl+C快捷键，打开"画布大小"对话框，将画布尺寸改小。由于文档尺寸为10厘米×10厘米，而我们通过参考线将每一边让出去1厘米，因此参考线内部的区域是8厘米×8厘米，将画布减小到"宽度""高度"均为8厘米，就能将参考线以外的图像删掉了，如图4-123和图4-124所示。

图4-123　　　　　　　图4-124

09 执行"编辑"|"定义图案"命令，将作为一个单元使用的图像定义为图案，如图4-125所示。

图4-125

10 按Ctrl+N快捷键，创建一个A4大小的文件。在画面中填充紫色。新建一个图层。选择油漆桶工具 [ ]，在工具选项栏中选取"图案"选项，打开"图案"下拉面板，选择自定义的图案，如图4-126所示，在画面中单击鼠标，填充该图案，如图4-127所示。

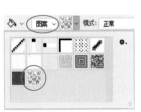

图4-126　　　　　　　图4-127

4.7 用脚本图案制作四方连续

现在网络资源非常丰富，任何图案素材都不难找到。如果有现成的素材，可以使用"填充"命令中的"脚本图案"功能，快速生成四方连续。

01 打开素材，如图4-128所示。执行"图像"|"裁切"命令，在打开的对话框中选取"透明像素"选项，如图4-129所示，将花纹周围多余的区域裁掉，如图4-130所示。使用"编辑"|"定义图案"命令，将花纹定义为图案，如图4-131所示。

图4-128

图4-129

图4-130

图4-131

02 按Ctrl+N快捷键，创建一个A4大小的文件。将前景色设置为蓝色（R：0，G：60，B：124），按Alt+Delete快捷键填色。单击"图层"面板底部的按钮，新建一个图层。

03 执行"编辑"|"填充"命令，打开"填充"对话框，选取"图案"选项及自定义的图案，选取"脚本"及"砖形填充"选项，如图4-132所示。单击"确定"按钮，弹出"砖形填充"对话框，设置参数，如图4-133所示，单击"确定"按钮，填充图案。

图4-132

04 设置"图层1"的混合模式为"点光"，如图4-134和图4-135所示。

图4-133

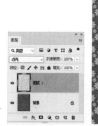

图4-134   图4-135

技巧

在"填充"对话框中，Photoshop提供了6种脚本图案。使用其中的"对称填充"选项可以制作一组图案单元。对这组图案进行复制并均匀排布，即可得到二方连续图案。

6种脚本图案   对称填充

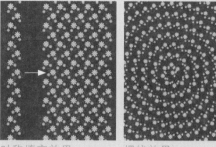

对称填充效果   螺线效果

4.8 用AI+PS联合制作图案库

Adobe公司的Photoshop被用户习惯称为"PS"。而另一款软件Illustrator，则被称作"AI"。从应用上看，Illustrator比Photoshop更适合制作图案和服装款式图，因为它是矢量软件，绘图功能更加强大，而且提供了许多图形、画笔和符号素材。在服装设计工作中，我们可以用Illustrator绘图，再将图形转入Photoshop中，进行填充或绘画处理。从而利用这两个软件各自的优势，把设计工作更加高效地完成。本实例介绍操作方法。它分为两部分，第1部分是制作图案，需要用Illustrator来完成。如果没有安装该软件程序，可以从第2部分开始。

4.8.1 用Illustrator制作图案

01 启动Illustrator CC 2018。按Ctrl+N快捷键，打开"新建文档"对话框，创建一个A4大小的文档，如图4-136所示。

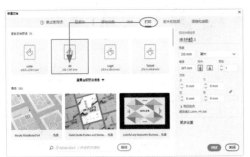

图4-136

02 选择椭圆工具 ◯ ，在画布上单击鼠标，弹出"椭圆"对话框，设置宽度和高度均为100mm，如图4-137所示，单击"确定"按钮，创建一个圆形，如图4-138所示。

图4-137

图4-138

03 现在圆形外侧有定界框，说明它处于选取状态（类似于Photoshop的当前图层），此时按Ctrl+C快捷键复制图形，按Ctrl+F快捷键在原位粘贴。将光标放在定界框右上角，按住Alt+Shift快捷键拖曳控制点，以圆心为基准将图形等比缩小，如图4-139所示。用同样的方法，即按Ctrl+F快捷键粘贴，然后按住Alt+Shift键拖曳控制点缩小图形，制作出图4-140所示的6个同心圆。

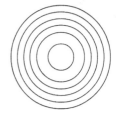

图4-139　　　　　　　　图4-140

04 执行"窗口"|"画笔库"|"边框"|"边框_装饰"和"边框_原始"命令，打开这两个画笔库，如图4-141和图4-142所示。

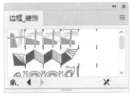

图4-141　　　　　　　　图4-142

05 使用选择工具 ▶ 单击第一个圆形（最大的圆形），将其选取，如图4-143所示。单击"边框_装饰"面板中的"矩形2"样本，如图4-144所示，用画笔对图形进行描边，如图4-145所示。

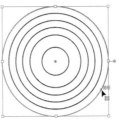

图4-143

图4-144

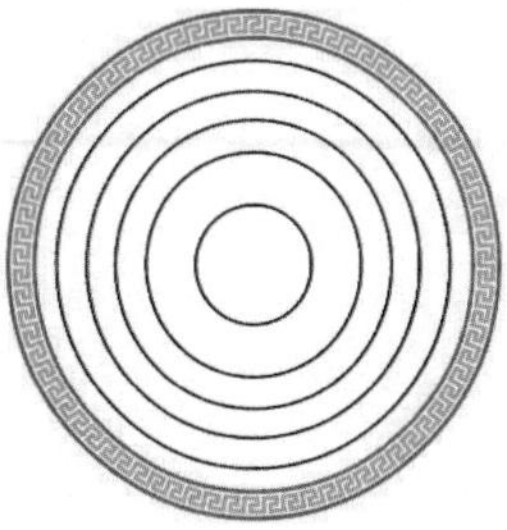

图4-145

06 由外向内依次单击各个圆形，为它们添加"边框_装饰"面板中的画笔描边，如图4-146~图4-153所示。单击第2个圆形，单击"染色玻璃2"样本，用该样本描边，效果如图4-154图4-155所示。

图4-146

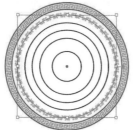

图4-147

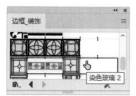

图4-148

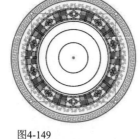

图4-149

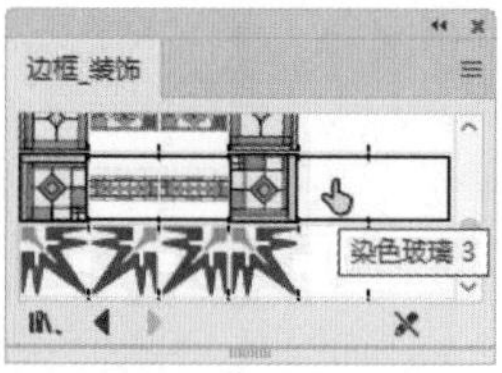

图4-150

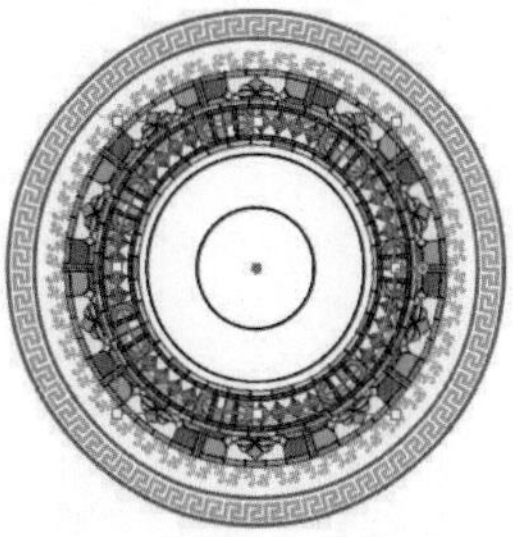

图4-151

图4-152

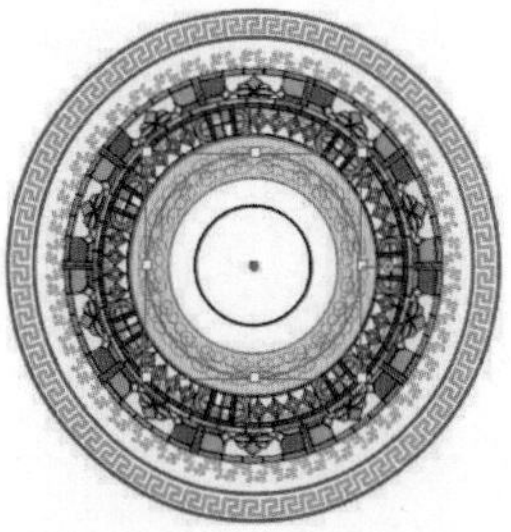

图4-153

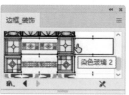

图4-154

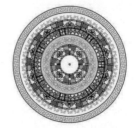

图4-155

07 为中心的最小圆形添加画笔描边以后，执行"窗口"|"描边"命令，打开"描边"面板，设置"粗细"为2pt，让花纹变大，如图4-156和图4-157所示。

图4-156

图4-157

08 使用"边框_装饰"和"边框_原始"面板中的其他样本，制作出图4-158所示的图案（"边框_原始"面板中的画笔样本适合制作古朴、深沉风格的图案）。

图4-158

09 使用"文件"|"存储为"命令（文件保存为AI格式），将图案保存到计算机的硬盘上。

4.8.2 创建自定义的图案库

01 运行Photoshop CC 2018。按Ctrl+O快捷键，弹出"打开"对话框，选择保存的AI格式文件（可以使用本书提供的素材进行操作），如图4-159所示，单击"打开"按钮，弹出"导入PDF"对话框，文档的宽度和高度采用默认设置，将分辨率设置为300像素/英寸，模式为RGB颜色，如图4-160所示。

单击"确定"按钮，打开文件，如图4-161所示。下面来将这些图案定义为"图案"，之后创建为一个单独的图案库。

图4-159

图4-160

图4-161

02 选择油漆桶工具 ，在工具选项栏中选取"图案"选项，打开"图案"下拉面板，在一个图案上单击鼠标右键，打开下拉菜单，如图4-162所示，选择"删除图案"命令，将图案删除。采用同样的方法删除所有图案，将面板清空，如图4-163所示。

图4-162

图4-163

03 使用矩形选框工具 选择一个图案，如图4-164所示，使用"编辑"|"定义图案"命令将它定义为图案，如图4-165所示。

图4-164

图4-165

04 将光标放在选区内，如图4-166所示，单击并拖曳鼠标，将选区拖曳到另一个图案上方，如图4-167所示。再用"定义图案"命令将它定义为图案。采用同样的方法，将其他几个图案都定义为Photoshop图案。

图4-166

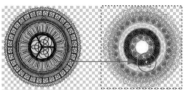
图4-167

05 选择油漆桶工具 。打开"图案"下拉面板，如图4-168所示，可以看到，自定义的图案已经显示在面板中了。单击 按钮，打开面板菜单，选择"存储图案"命令，如图4-169所示。弹出"另存为"对话框，将图案库保存到计算机的硬盘上，如图4-170所示。

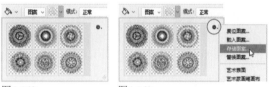
图4-168   图4-169

图4-170

4.8.3　恢复和加载图案库

01 删除图案或者重新定义图案以后，可以用"图案"面板菜单中的"复位图案"命令，恢复为Photoshop默认的图案，如图4-171所示。

02 当需要使用自定义的图案库时，可以执行"载入图案"命令，如图4-172所示，在弹出的对话框中找到保存的图案库，如图4-173所示，将它加载到"图案"下拉面板中，如图4-174所示。

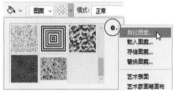
图4-171

图4-172

图4-173

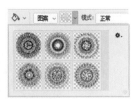

图4-174

4.9 用KPT5滤镜制作分形图案

分形图案也称分形艺术（Fractal Art），由IBM研究室数学家曼德布洛特提出。分形艺术是利用分形几何学原理，借助计算机强大的运算能力，将数学公式反复迭代运算，再结合作者的审美及艺术性的塑造，从而将抽象神秘的数学公式，变成一幅幅精美绝伦的艺术画作。分形图案具有自相似性、无限精细和极不规则等特点，被广泛地应用于服装面料、工艺品装饰、外观包装、书刊装帧、商业广告、软件封面，以及网页等设计领域。

要完成本实例，需要安装KPT5外挂滤镜（本实例使用的是KPT5中的"KPT5 FraxPlorer"滤镜）。外挂滤镜是由Adobe之外的第三方厂商开发的滤镜插件，可以快速生成特效。本书附赠的电子文档中，介绍了其中比较典型的3个——KPT、Eye Candy 4000和Xenofex，它们可以生成46种滤镜效果。

Previwe窗口中会显示预览效果，如图4-176所示。

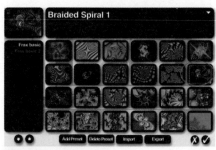

图4-175

图4-176

01 按Ctrl+N快捷键，创建一个100毫米×100毫米、分辨率为300像素/英寸的文件。

02 安装KPT5外挂滤镜以后，可以像Photoshop中自带滤镜一样使用。打开"滤镜"菜单，在"KPT5"滤镜组中找到"KPT5 FraxPlorer"滤镜，打开该外挂滤镜的对话框，单击左下角的Preset按钮，将预设的图案显示出来，选择其中的一种图案，如图4-175所示，单击"应用"按钮，或双击该图案，

$\mathcal{O}3$ 在Universe Mapper面板的左侧选择第3个星系映射图案，如图4-177所示，此时Previwe窗口中生成的图案效果，如图4-178所示。

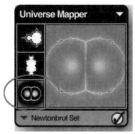

图4-177   图4-178

$\mathcal{O}4$ 单击Universe Mapper面板左下角的三角形图标 ■，打开下拉面板，选择中间的星系映射图案，如图4-179和图4-180所示。在Frax Stely面板的图案视窗上单击，可以改变图案样式（每单击一次可以生成新的样式），如图4-181和图4-182所示。

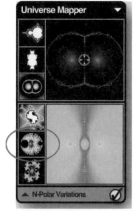

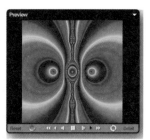

图4-179   图4-180

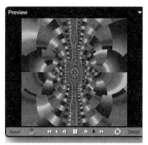

图4-181   图4-182

$\mathcal{O}5$ 新建一个文档。将分形图案拖入该文档。使用钢笔工具 ⌀ 绘制领带图形，如图4-183和图4-184所示。

图4-183

图4-184

$\mathcal{O}6$ 按Ctrl+Enter快捷键，从路径中转换出选区。单击"图层"面板底部的 ▣ 按钮，基于选区创建图层蒙版，将领带外面的分形图像隐藏，如图4-185和图4-186所示。图4-187所示为用其他分形图案制作的领带图案。

图4-185   图4-186

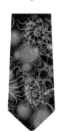

图4-187

第5章 面料

5.1　通过面料传达服装个性

色彩、款式造型和面料是构成服装设计的三大要素。色彩和款式是由选用的面料来体现的，因此，服装面料是服装造型和色彩的载体。只有充分了解和掌握服装面料的特征，才能使用Photoshop完美地表现面料的质感和效果。

通常情况下，服装设计大多先从面料的设计搭配入手，根据面料的质地、手感、图案特点等来构思。得体的面料设计处理方案是服装设计的关键，充分发挥材料的特性和可塑性，创造特殊的质感和细节局部，才能阐释服装的个性精神和最本质的美。

被誉为"重金属大师"的法国设计师帕克·拉邦那是被公认的最彻底的材料革新者。他于1966年开始设计展示自己的独创作品，在面料的选择上不拘一格，尤其是各种金属材料，在他手里更是得到了巧妙的运用。他所设计的盔甲般的金属服装，配上水晶珠串、玻璃纸片、鹅卵石、扣子、唱片、瓷砖碎片、塑料片等装饰，营造了一个美轮美奂的奇妙形象。

被誉为"面料的魔术师"的日本设计师三宅一生也是一位热衷于面料创新的高手，他的设计特别留意对面料的选择。将布料打造成如同折纸般的沟壑重

叠，是三宅一生标志性的设计风格之一，如图5-1和图5-2所示。他常常深入纺织厂或作坊，从半成品甚至次品、废品中获取灵感和启发。

图5-1　　　　　图5-2

5.2　服装面料的种类

面料是服装设计中不可忽视的重要内容，即使是同一款服装，因为面料的不同，其实用价值或风格也会有所改变。在服装效果图中逼真地表现面料的质感，可以使观者明确了解服装所选用的面料品种。

常用服装面料

● **棉型织物**：是指以棉纱线或棉与棉型化纤混纺纱线织成的织品，分为纯棉制品、棉的混纺两大类。

其透气性好，吸湿性好，穿着舒适，是实用性很强的大众化面料。

● **麻型织物**：由麻纤维纺织而成的纯麻织物及麻与

其他纤维混纺或交织的织物统称为麻型织物，分为纯纺和混纺两类。麻型织物的共同特点是质地坚韧、粗犷硬挺、凉爽舒适、吸湿性好，是理想的夏季服装面料。

- **丝型织物**：是纺织品中的高档品种。主要指由桑蚕丝、柞蚕丝、人造丝、合成纤维长丝为主要原料的织品。丝型织物具有薄轻、柔软、滑爽、高雅、华丽、舒适的优点。

- **毛型织物**：是以羊毛、兔毛、骆驼毛、毛型化纤为主要原料制成的织品。一般以羊毛为主，它是一年四季的高档服装面料，具有弹性好、抗皱、挺括、耐穿耐磨、保暖性强、舒适美观、色泽纯正等优点，深受消费者的欢迎。

- **纯化纤织物**：化纤面料以其牢度大、弹性好、挺括、耐磨耐洗、易保管收藏的特性，而受到人们的喜爱。纯化纤织物是由纯化学纤维纺织而成的面料。其特性由其化学纤维本身的特性来决定。化学纤维可根据不同的需要加工成一定的长度，并按不同的工艺织成仿丝、仿棉、仿麻、弹力仿毛、中长仿毛等织物。

特殊服装面料

- **针织服装面料**：是由一根或若干根纱线连续地沿着纬向或经向弯曲成圈，并相互串套而成的。

- **裘皮**：带有毛的皮革，一般用于冬季防寒靴、鞋的鞋里或鞋口装饰。

- **皮革**：各种经过鞣制加工的动物皮（鞣制的目的是为了防止皮变质）。

- **新型面料及特种面料**：蜡染、扎染、太空棉等。

提示 *Point*

中国古代有一种神奇的火浣布，这种布要用火来洗涤。将布投入火中，布与火一样通红，取出后抖掉火渣，火浣布会变得干干净净。其实火浣布就是用石棉纤维纺织而成的布，具有不可燃性，放在火中可以去除布上的污垢，古代称之为火浣布。

5.3 制作方格棉面料

首先用滤镜制作方格图案和弯曲的棉絮、表现柔软的质感，之后，将其定义为图案，并进行填充。为了让方格适应衣服的结构变化，还要使用"液化"滤镜对其进行扭曲。

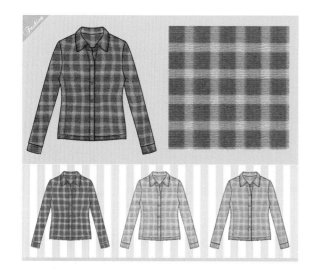

图5-3　　　　　　图5-4

01 按Ctrl+N快捷键，创建一个10厘米×10厘米、分辨率为72像素/英寸的RGB模式文件。将前景色设置为蓝色，按Alt+Delete快捷键，填充蓝色，如图5-3所示。将工具面板中的背景色设置为白色，执行"滤镜"|"风格化"|"拼贴"命令，打开"拼贴"

对话框，设置参数，如图5-4所示。

02 关闭对话框后，按Alt+Ctrl+F快捷键，再次应用该滤镜，让拼贴效果更清晰，如图5-5所示。执行"滤镜"|"像素化"|"碎片"命令，效果如图5-6所示。

图5-5　　　　　　图5-6

03 执行"滤镜"|"其他"|"最大值"命令，设置参数，如图5-7所示。该滤镜可以扩展浅色范围，生成浅蓝色的条格，如图5-8所示。

图5-7　　　　　　图5-8

04 执行"滤镜"|"纹理"|"纹理化"命令，打开"滤镜库"，在"纹理"下拉列表中选择"粗麻布"选项，生成横纹，如图5-9和图5-10所示。

图5-9　　　　　　图5-10

05 按Ctrl+J快捷键复制方格图层。执行"滤镜"|"纹理"|"颗粒"命令，通过加入颗粒，对布料表面进行模糊，进而生成凹凸感和棉絮状质感，如图5-11和图5-12所示。

图5-11　　　　　　图5-12

06 按Ctrl+J快捷键复制图层。执行"编辑"|"变换"|"顺时针旋转90度"命令。将图层的混合模式设置为"变亮"，如图5-13和图5-14所示。

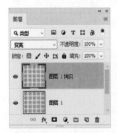 

图5-13　　　　　　图5-14

07 单击"背景"图层，按Ctrl+A快捷键全选，按Ctrl+C快捷键复制图像。执行"图层"|"拼

合图像"命令，将所有图层合并到背景图层中。按Ctrl+V快捷键粘贴图像，生成"图层1"，设置混合模式为"正片叠底"，如图5-15和图5-16所示。

图5-15　　　　　　图5-16

08 按Ctrl+U快捷键，打开"色相/饱和度"对话框，在"编辑"下拉列表中选择"青色"选项，单独对青色做出调整，如图5-17和图5-18所示。

图5-17　　　　　　图5-18

09 执行"滤镜"|"杂色"|"添加杂色"命令，在布料中添加杂色，使纹理产生粗糙的质感，如图5-19和图5-20所示。

图5-19　　　　　　图5-20

10 执行"滤镜"|"模糊"|"动感模糊"命令，将颗粒沿水平方向模糊，使它们变成柔和的棉絮，如图5-21和图5-22所示。

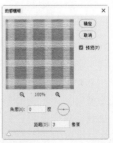 

图5-21　　　　　　图5-22

11 按Ctrl+E快捷键合并全部图层。执行"滤镜"|"扭曲"|"波纹"命令，让棉絮自然弯曲，如图5-23和图5-24所示。

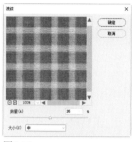
图5-23

图5-24

12 选择裁剪工具 ⌗，在图像上单击并拖曳鼠标，拖出裁剪框，将面料边缘有些模糊的部分放在裁剪框外，按Enter键，将这些图像裁掉，如图5-25所示。使用矩形选框工具 ⌗创建一个选区，如图5-26所示。

图5-25

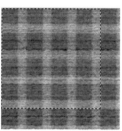
图5-26

13 执行"编辑"|"定义图案"命令，将选区内的图像定义为图案，如图5-27所示。选择油漆桶工具 ◇，在工具选项栏中选择"图案"选项，打开"图案"下拉面板，选择自定义的图案，如图5-28所示。

图5-27

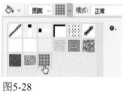
图5-28

14 打开素材，如图5-29和图5-30所示。单击"图层"面板底部的 ⧉ 按钮，新建一个图层。使用油漆桶工具 ◇在画面中单击，填充图案，如图5-31和图5-32所示。

图5-29

图5-30

图5-31

图5-32

15 设置该图层的混合模式为"正片叠底"。按Alt+Ctrl+G快捷键创建剪贴蒙版，使图案只在衬衫范围内显示，如图5-33和图5-34所示。

图5-33

图5-34

16 执行"滤镜"|"液化"命令，打开"液化"对话框。选取"显示背景"选项，窗口中会显示背景图层中的衬衫图形，这样可以方便根据轮廓线对图案进行扭曲，如图5-35所示。

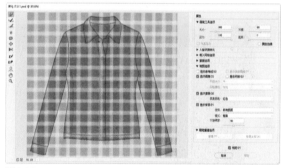
图5-35

提示　　　　　　　　　　　　　Point

"液化"滤镜可以自动识别人像照片中的五官信息，可以调整眼睛大小、鼻子高度、让嘴唇做出微笑的动作，还可以调整脸型。使用时，如果操作失误，可以按Ctrl+Z快捷键依次撤销操作。如果有需要保护的地方，可以用冻结蒙版工具 ◿ 在其上方涂抹，蒙版会像选区一样保护图像，限定扭曲范围。

17 选择向前变形工具 ◿（可以按] 键和 [键调整工具大小），在图案上单击并拖曳鼠标，进行扭曲。在靠近腰处，格子图案是向内收缩的；胸前的

图案则应向外扩张；胳膊上的条纹适当有一些粗细变
化，如图5-36所示。单击"确定"按钮，完成液化操
作，效果如图5-37所示。制作出一种效果后，还可
以在此基础上获得更多颜色的面料。例如，单击"调
整"面板中的 ▦ 按钮，创建一个"色相/饱和度"调
整图层，就可以改变面料的颜色、饱和度及明度，如
图5-38和图5-39所示。

图5-37

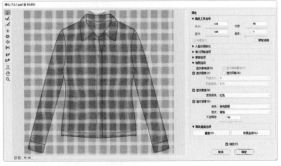

图5-36

图5-38

图5-39

5.4 制作派力斯面料

派力斯面料是羊毛混入一定比例的涤纶纺制成的混色精梳毛纱。本实例将使用两个滤镜制作这种面料。

图5-40

图5-41

01 创建一个10厘米×10厘米、分辨率为72像素/
英寸的RGB模式文件。将前景色设置为蓝色，
按Alt+Delete快捷键填充，如图5-40所示。执行"滤
镜"|"杂色"|"添加杂色"命令，制作出蓝、白相间
的杂点，如图5-41所示。

02 执行"滤镜"|"画笔描边"|"阴影线"命令，
打开"滤镜库"，设置参数如图5-42所示，完
成后的效果如图5-43所示。

图5-42

图5-43

5.5 制作泡泡纱面料

泡泡纱是具有特殊外观风格的棉织物，这种布面会呈现均匀密布、凸凹不平的小泡泡。本实例就来制作这种面料。

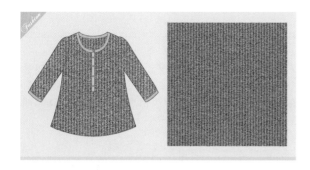

01 新建一个10厘米×10厘米、分辨率200像素/英寸的RGB模式文件。在画面中填充天蓝色，如图5-44所示。将前景色设置为深蓝色。选择矩形工具 ▢ ，在工具选项栏中选取"形状"选项，绘制一个矩形，如图5-45所示，它会保存到形状图层上，如图5-46所示。使用路径选择工具 ▶ ，按住Shift+Alt快捷键拖曳矩形，沿水平方向复制，如图5-47所示。

图5-44

图5-45

图5-46

图5-47

02 继续复制图形，直至布满画面，如图5-48所示。在智能参考线的辅助下，比较容易让各个图形保持相同的间隔。如果图形分布并不够均匀，可以使用路径选择工具 ▶ ，单击并拖曳出一个矩形选框，将矩形全部选取，然后单击工具选项栏的水平居中分布按钮 ▥ 即可。

03 执行"图层"|"拼合图像"命令，将形状图层合并到背景图层中。执行"滤镜"|"杂色"|"添加杂色"命令，添加杂点，如图5-49所示。

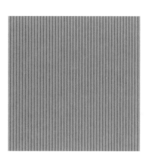

图5-48

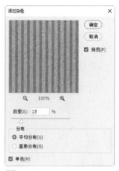

图5-49

04 执行"滤镜"|"扭曲"|"海洋波纹"命令，设置参数如图5-50所示，效果如图5-51所示。

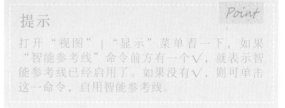

图5-50

图5-51

05 执行"滤镜"|"纹理"|"龟裂缝"命令，打开"滤镜库"，设置参数如图5-52所示，效果如图5-53所示。

图5-52

图5-53

5.6 制作薄缎面料

本实例将从两个方面入手表现真实效果的薄缎。一是制作薄缎纹理，我们将使用加载的图案来完成；二是表现薄缎的质感。由于缎面光滑度较高，因此对光的反射度也高，为了表现这种质感，需要在衣服的褶皱处用深色绘制阴影，用浅色绘制高光，然后通过"柔光"模式，将它们融合到面料中，进而将褶皱的凸起处提亮，并在凹陷处形成阴影。

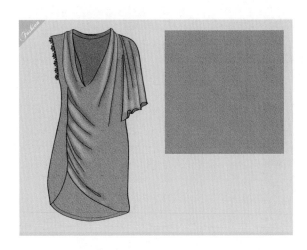

01 打开图稿素材，如图5-54所示。选择油漆桶工具，在工具选项栏中选取"图案"选项，打开"图案"下拉面板菜单，选择"艺术表面"命令，如图5-55所示，加载该图案库。

图5-54　　　　图5-55

02 在"图案"面板菜单中选择"大列表"命令，这样可以同时显示图案名称和缩览图，便于根据名称查找图案。选择其中的"贝伯轻薄缎面织物"，如图5-56所示。单击"图层"面板底部的按钮，新建一个图层。使用油漆桶工具在画面中单击，填充图案，如图5-57所示。

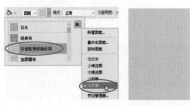

图5-56　　　　图5-57

03 设置该图层的混合模式为"正片叠底"，以显示衣服的轮廓线。按Alt+Ctrl+G快捷键创建剪贴蒙版，让图案只在衣服内部显示，如图5-58和图5-59所示。

图5-58　　　　图5-59

04 单击"调整"面板中的按钮，创建"色相/饱和度"调整图层，选取"着色"选项并调整参数，为图案着色，如图5-60所示。单击面板底部的按钮，将调整图层也加入剪贴蒙版组，这样调整就只对剪贴蒙版组中的图层有效，如图5-61和图5-62所示。

图5-60

图5-61　　　　图5-62

05 选择画笔工具，在"画笔"下拉面板中选择"柔边圆"笔尖，设置"大小"为36像素，如图5-63所示。新建一个图层，修改名称为"阴影"，设置混合模式为"柔光"。按Alt+Ctrl+G快捷键，将

其加入剪贴蒙版组。将前景色设置为黑色，使用画笔工具 ✏ 在衣服上绘制阴影，如图5-64和图5-65所示。使用橡皮擦工具 ✐（柔角笔尖，"不透明度"为50%）擦除笔触的边缘，效果如图5-66所示。

绘制出高光。如图5-67~图5-69所示。

图5-63

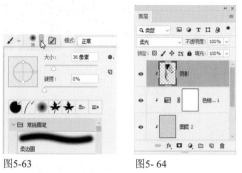

图5-64

图5-67

图5-68

图5-65

图5-66

图5-69

06 新建一个图层，设置为"柔光"模式，并加入剪贴蒙版组。将前景色设置为白色，在衣服上

5.7 制作迷彩面料

本实例使用Photoshop中的动作制作迷彩面料。动作是一种自动化工具，可以将图像的整个处理过程记录下来，并可用于其他图像，也就是说，使用动作便可自动完成相同的操作任务。如果想要处理多幅图像（例如一大批照片），则可以使用"文件" | "自动" | "批处理"命令，将动作应用于所有目标文件。动作与"批处理"命令配合，可以帮助用户完成大量的、重复性的操作，节省时间，提高工作效率，实现图像处理自动化。

01 创建一个大小为800像素×600像素、分辨率为72像素/英寸的RGB模式文件。在画面中填充深绿色（R: 7, G: 85, B: 46）。

02 打开"动作"面板，下面来录制动作。首先单击创建新组按钮 ▢，打开"新建组"对话框，输入动作组的名称，如图5-70和图5-71所示。创建一个动作组，为的是将动作保存在该组中，否则录制的动作会保存在面板中当前选择的动作组中，使用时不容易查找。单击创建新动作按钮，打开"新建动作"对话框，如图5-72所示，单击"记录"按钮，开始录制动作，面板中的开始记录按钮会变为红色，如图5-73所示。

图5-70

图5-71

图5-72

图5-73

03 单击"通道"面板中的创建新通道按钮，创建一个Alpha通道，如图5-74所示。执行"滤镜"|"杂色"|"添加杂色"命令，在通道中生成杂点，如图5-75所示。

图5-74

图5-75

04 执行"滤镜"|"像素化"|"晶格化"命令，将杂点扩大成为不规则色块，如图5-76所示。执行"滤镜"|"模糊"|"高斯模糊"命令，对色块进行模糊处理，让色块的边角成为圆角，如图5-77所示。

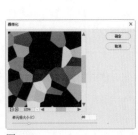

图5-76

图5-77

05 按Ctrl+L快捷键，打开"色阶"对话框，将两边的滑块向中间拖曳（也可在滑块下方输入数值），增强色调的对比度，使灰色块变成白色，背景变成黑色，如图5-78和图5-79所示。

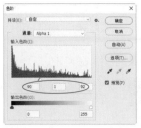

图5-78   图5-79

06 单击"通道"面板底部的 按钮，将通道中的选区加载到画面上。单击RGB主通道，如图5-80所示，恢复彩色图像的显示，结束通道的编辑，如图5-81所示。

图5-80

图5-81

07 单击"调整"面板中的 按钮，创建"色阶"调整图层，将黑场滑块向右拖曳，选区会转换到调整图层的蒙版中，对调整范围进行限定，即将原选区内的图像色调调暗，这样就得到了深绿色的色块，如图5-82所示，效果如图5-83所示。单击"动作"面板底部的停止播放/记录按钮，结束动作的录制。

图5-82

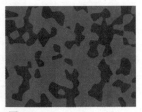

图5-83

08 单击"动作1"，如图5-84所示，再单击"动作"面板底部的播放选定动作按钮，将上述操作自动执行一遍，再制作出一个色阶调整图层，如图5-85所示。由于"添加杂色"和"晶格化"滤镜具有随机性，因此，这一次生成的色块与第一次的也不同，纹理效果丰富自然，如图5-86所示。

09 现在"色阶2"调整图层处于当前编辑状态，在"属性"面板中将它的黑场滑块拖回原处，将白场滑块向中间拖曳，让这一层色块的色调与之前一层也产生区别，如图5-87和图5-88所示。

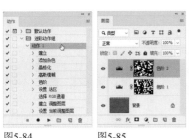
图5-84

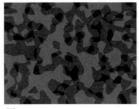
图5-85

图5-86

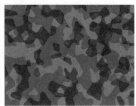
图5-87

图5-88

5.8 制作牛仔布面料

本实例使用滤镜制作牛仔布的纹理细节，再绘制斜线，模拟纺织线，压印在纹理上。为了确保斜线的间隔均匀，将使用Photoshop的对齐和分布功能。

图5-91

图5-92

03 下面在这层纹理的上方再压一层斜纹，模拟纺织线。新建一个图层并填充白色，之后再创建一个图层。

04 选择画笔工具 ，单击并按住Shift键拖曳鼠标，锁定水平方向绘制一条直线，如图5-93所示。选择移动工具 ，按住Alt键拖曳直线，进行复制。连续按Ctrl+－快捷键缩小视图比例，当画布外侧显示灰色的暂存区时，按住Ctrl键在画布外单击，并拖出一个选框，将线条全部选取，如图5-94所示。

01 创建一个大小为20厘米×20厘米、分辨率为150像素/英寸的RGB模式文件。在画面中填充深灰蓝色，如图5-89和图5-90所示。

图5-89

图5-90

02 执行"滤镜"|"纹理"|"纹理化"命令，打开"滤镜库"，在"纹理"列表中选择"画布"选项，并设置参数，将牛仔布的纹理细节初步表现出来，如图5-91和图5-92所示。

图5-93

图5-94

05 单击工具选项栏中的 按钮和 按钮，将线条对齐，如图5-95和图5-96所示。按Ctrl+E快捷

键合并所有直线图层。

图5-95

图5-96

06 按Ctrl+T快捷键显示定界框，在工具选项栏中设置旋转角度为45度，如图5-97所示，按Enter键确认操作。按住Alt键拖曳直线图层，用复制出的直线

将画布全部覆盖住。将白色图层删除，再将线条图层与背景合并，这样就在滤镜制作的纹理上方压了一层斜纹，如图5-98所示。

图5-97

图5-98

5.9 制作摇粒绒面料

摇粒绒是由大圆机编织而成，织成后坯布先经染色，再经拉毛、梳毛、剪毛、摇粒等多种复杂的工艺加工处理，面料正面拉毛，摇粒蓬松。与之前的几个实例追求真实的效果不同，本实例将以绘画的形式表现这种面料，并非完全写实，学习重点应放在笔尖参数的设定上。

02 选择画笔工具 。在"画笔"面板中展开"旧版画笔"|"默认画笔"列表，选择"铅笔"笔尖，如图5-101所示。在"色板"面板中拾取纯洋红作为前景色，如图5-102所示。单击"路径"面板底部的 按钮，用画笔描边路径，如图5-103所示。

图5-101

01 打开素材。单击"路径"面板中的"路径1"，如图5-99所示，让它在画面中显示，如图5-100所示。

图5-99

图5-100

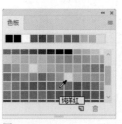

图5-102

图5-103

03 在"画笔"面板中选择"大油彩蜡笔"笔尖，如图5-104所示。在"画笔设置"面板中将笔尖大小设置为50像素，设置"圆度"为36%，"间距"为5%，如图5-105所示。选择左侧列表中的"形状动

态"选项，然后在右侧面板设置"大小抖动"为13%，如图5-106所示。之后为笔尖添加"散布"和"颜色动态"属性，参数设置如图5-107和图5-108所示。

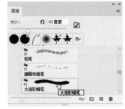

图5-104

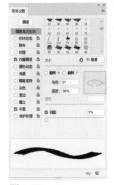

图5-105

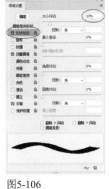

图5-106

图5-107

图5-108

04 在"色板"面板中拾取前景色，如图5-109所示。选择画笔工具，以连续单击和单击并拖曳鼠标的方法为裙子上色，如图5-110所示。

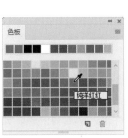

图5-109

图5-110

05 新建一个图层。在"画笔"面板中选择"柔边圆"笔尖，设置"大小"为30像素，如图5-111所示，绘制裙子褶皱处的高光，如图5-112所示。

图5-111

图5-112

5.10 制作绒线面料

本实例使用滤镜制作绒线。制作过程中，有两个滤镜最关键，第1个是"壁画"滤镜，它负责将色块生成为绒线的初级形态；第2个是"照亮边缘"滤镜，它从色块中提取亮边，使绒线显现出来。

01 创建一个10厘米×10厘米、分辨率为72像素/英寸的RGB模式文件。在画面中填充蓝色，如图5-113所示。执行"滤镜"|"杂色"|"添加杂色"命令，制作杂点，如图5-114所示。

图5-113 图5-114

02 执行"滤镜"|"杂色"|"中间值"命令，对杂色进行中和，起到模糊并放大杂点的效果，如图5-115和图5-116所示。

图5-115 图5-116

03 执行"滤镜"|"艺术效果"|"壁画"命令，打开"滤镜库"，设置参数如图5-117所示。该滤镜可以使用短而圆的色块描绘图像，效果粗犷，如图5-118所示。

图5-117 图5-118

04 执行"滤镜"|"扭曲"|"玻璃"命令，对色块进行扭曲，如图5-119和图5-120所示。

图5-119 图5-120

05 按Ctrl+J快捷键，复制"背景"图层。执行"编辑"|"变换"|"顺时针旋转90度"命令，将图像旋转90度。设置图层的混合模式为"正片叠底"，如图5-121和图5-122所示。按Ctrl+E快捷键向下合并图层。

图5-121 图5-122

06 执行"滤镜"|"风格化"|"照亮边缘"命令，从色块里提取较亮的边缘，并进一步提亮，这样绒线就凸显出来了，如图5-123和图5-124所示。

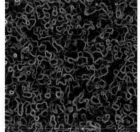

图5-123 图5-124

07 按Ctrl+U快捷键，打开"色相/饱和度"对话框，拖曳"色相"滑块，调整绒线的颜色，如图5-125和图5-126所示。

图5-125

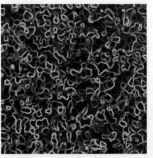

图5-126

5.11 制作毛线编织面料1

本实例使用滤镜制作毛线图案，再利用混合模式为图案上色。混合模式在混合图像的同时，会改变色相、饱和度和明度，操作起来非常方便。如果使用调色命令，则还需要创建选区来限定调整范围。

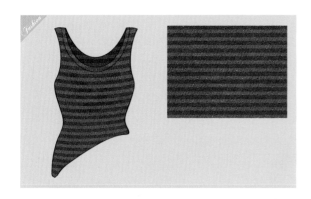

01 创建一个800像素×600像素、分辨率为72像素/英寸的RGB模式文件。选择油漆桶工具，在工具选项栏中选择"图案"选项，打开"图案"下拉面板菜单，选择"图案"命令，加载该图案库，然后选择"箭尾"图案，如图5-127所示。在画面中单击鼠标，填充该图案，如图5-128所示。

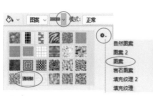

图5-127　　　　　　　图5-128

02 目前这种对称的箭尾图案，虽然展现了毛线编织效果，但图案的大小、形状等完全相同，在真实环境里，即使再好的机器也无法织出这么匀称的图案。使用"滤镜"|"扭曲"|"波纹"命令对图案进行扭曲，让每一对箭尾都有变化，如图5-129和图5-130所示。

图5-129　　　　　　　图5-130

03 将前景色设置为深黑洋红色，背景色设置为洋红色，如图5-131所示。新建一个图层。按

Ctrl+Delete快捷键填充洋红色。执行"滤镜"|"素描"|"半调图案"命令，打开"滤镜库"，创建条纹图案，如图5-132和图5-133所示。

图5-131 图5-132　　　　　　图5-133

04 将该图层的混合模式设置为"亮光"。这一图层中的浅色（洋红色）会使下层图像，即毛线图案变亮，深色（深黑洋红色）会使毛线图案的色调变暗。通过这种方法，就得到了两种颜色的毛线混编效果，如图5-134和图5-135所示。

图5-134　　　　　　　图5-135

05 将前景色设置为蓝色。新建一个图层，设置混合模式为"色相"。选择自定形状工具，在工具选项栏中选取"像素"选项，在"形状"下拉面板中选择鸽子形状，创建该图形。由于设置了"色相"模式，蓝色鸽子会改变它下方图层的色相，这样既得到了鸽子图案，又得到了另外两种颜色——深蓝和浅蓝混编效果，如图5-136和图5-137所示。

图5-136　　　　　　　图5-137

5.12 制作毛线编织面料2

与前一个毛线编织面料实例相比，本实例更加侧重于图案效果——麦穗图案，以及质感——麦粗毛线的表现。技术含量也更高一些。例如，麦穗图形是用钢笔工具绘制而成，用加深和减淡工具加工为立体形状。图形的排布则借助了对齐和分布功能。

01 按Ctrl+N快捷键，创建一个10厘米×10厘米、分辨率为150像素/英寸的RGB模式文件。选择钢笔工具 ✍，在工具选项栏中选取"形状"选项，绘制一个图形，如图5-138所示，它会保存在形状图层上，如图5-139所示。

图5-138　　　　　　　　图5-139

02 在该图层上单击鼠标右键，打开快捷菜单，选择"栅格化图层"命令，将其转换为图像，如图5-140和图5-141所示。

图5-140　　　　　　　　图5-141

03 用减淡工具 ✍ （"范围"为"中间调"，"曝光度"为10%）和加深工具 ✍ （参数相同）涂抹图形，表现出立体效果，如图5-142所示。如果绘制的图形比较大，可以按Ctrl+T快捷键显示定界框，再将其缩小，大小调到画面纵向能够排列大概15个图形为准。然后执行"滤镜"|"杂色"|"添加杂色"命

令，在图形中添加杂色，如图5-143所示。

图5-142　　　　图5-143

04 执行"滤镜"|"模糊"|"动感模糊"命令，对图像进行模糊处理，如图5-144所示。使用移动工具 ✍，按住Alt键拖曳图形进行复制。执行"编辑"|"变换"|"水平翻转"命令，将图形翻转，如图5-145所示。

图5-144　　　　　　　　图5-145

05 按住Ctrl键，单击这两个图形所在的图层，将它们选取，如图5-146所示，再按Ctrl+E快捷键合并。按住Alt+Shift键，锁定垂直方向，拖曳图形进行复制，如图5-147所示。按住Ctrl键，依次单击所有图形所在的图层，单击工具选项栏中的 ✍ 按钮和 ✍ 按钮，让图形对齐并均匀分布，如图5-148所示。

图5-146　　　　　　图5-147　　　图5-148··

06 合并除"背景"图层外的所有图层,通过复制的方式制作出其他图形,如图5-149所示。选择背景图层并填充黑色,如图5-150所示。按Shift+Ctrl+E快捷键合并全部图层。

07 再使用"添加杂色"和"动感模糊"滤镜处理图像(参数可参考第3步和第4步,每个滤镜应用两次),完成后的效果如图5-151所示。

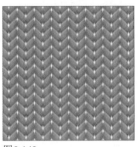

图5-149

图5-150

图5-151

5.13 制作裘皮面料

在本实例中,毛发效果的表现使用的是Photoshop预设的"脉纹羽毛2"笔尖,通过调整"形状动态""散布"和"颜色动态",改变笔尖原有的属性,让原本的羽毛变为裘皮面料的毛发。毛皮颜色和光感的表现运用了渐变和混合模式。最后,通过"曲线"调整图层增强色调的对比度。

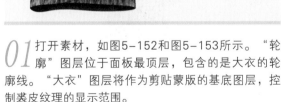

图5-152

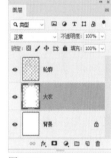

图5-153

01 打开素材,如图5-152和图5-153所示。"轮廓"图层位于面板最顶层,包含的是大衣的轮廓线。"大衣"图层将作为剪贴蒙版的基底图层,控制裘皮纹理的显示范围。

02 在"大衣"图层上方新建一个图层。按Alt+Ctrl+G快捷键创建剪贴蒙版,如图5-154所示。选择画笔工具。在"画笔"面板中展开"旧版画笔"|"人造材质画笔"列表,选择"脉纹羽毛2"笔尖,如图5-155所示。

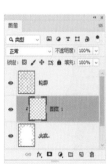

图5-154

图5-155

03 在"画笔设置"面板中将"角度"调整为 28°，如图5-156所示。为笔尖添加"形状动态"属性，以调整笔迹的变化形态，如图5-157所示。添加"散布"属性，对笔迹数目和位置做出调整，以便使笔迹沿绘制的线条扩散，其中"两轴"选项用来控制笔迹的分散程度，数值越高，分散的范围越广，如图5-158所示。添加"颜色动态"属性，让笔迹的颜色产生变化，如图5-159所示。

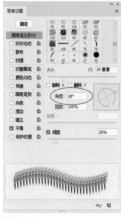

图5-156　　　　　　　图5-157

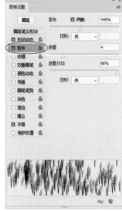

图5-158　　　　　　　图5-159

04 将前景色设置为深黑冷褐色（R：54，G：46，B：43），背景色设置为浅灰色（R：201，G：201，B：201），如图5-160所示。用画笔工具 ✐ 在大衣上涂抹，直到纹理布满大衣区域，如图5-161所示。

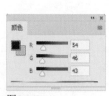

图5-160　　　　　　　图5-161

05 新建一个图层。按Alt+Ctrl+G快捷键将其加入剪贴蒙版组。选择渐变工具 ▨ ，在"渐变"下拉面板中选择"铜色渐变"，如图5-162所示，在画面中由上至下拖曳鼠标填充渐变，如图5-163所示。

图5-162　　　　　　　图5-163

06 设置该图层的混合模式为"线性光"，不透明度为50%，如图5-164和图5-165所示。

图5-164　　　　　　　图5-165

07 选择"轮廓"图层，单击"图层"面板顶部的 🔒 按钮，解除该图层的锁定，如图5-166所示。选择魔棒工具 ✐ ，在工具选项栏中单击添加到选区按钮 ▱ ，设置"容差"为30，取消"对所有图层取样"选项的选取，在衣服的衬里部分单击鼠标，选取这些区域，如图5-167所示。

图5-166　　　　　　　图5-167

08 新建一个图层，修改名称为"衬里"。将前景色设置为深灰色，如图5-168所示，按Alt+Delete快捷键，在选区内填充前景色，按Ctrl+D快捷键取消选择，如图5-169所示。使用魔棒工具 ✐ 选取纽扣。将前景色设置为浅褐色，背景色设置为黑色，如图5-170所示。选择渐变工具 ▨ ，在工具选项栏中单击径向渐变按钮 ▱ ，打开"渐变"下拉面板，选择"前景色到背景色渐变"，如图5-171所示。新建一个图层，修改名称为"纽扣"。为纽扣填充径向渐变，如图5-172所示。按Ctrl+D快捷键取消选择。

图5-168　　　　　　图5-169

图5-170　　图5-171　　　　图5-172

09 新建一个图层，修改名称为"条纹"，设置混合模式为"柔光"。选择画笔工具 🖌，使用"柔边圆"笔尖绘制出大衣的深色纹路，如图5-173和图5-174所示。

图5-173　　　　图5-174

10 单击"调整"面板中的 ▦ 按钮，创建"曲线"调整图层，在曲线偏下部单击，添加一个控制点，通过键盘上的→、←、↓键，将该点向下移动一些，将深色调调暗一些。在曲线偏上部添加一个控制点，并将曲线略向上调整，提高色调的明度。通过这种S形曲线，增强色调的对比度，如图5-175和图5-176所示。

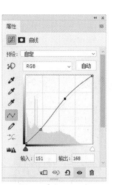 

图5-175　　　　　　图5-176

技巧

使用"曲线"和"色阶"命令增加彩色图像的对比度时，通常还会增加色彩的饱和度，因此，曲线的调整要适度，才不至于使图像出现偏色。另外，要避免出现偏色，可以通过"曲线"或"色阶"调整图层来进行调整，再将调整图层的混合模式设置为"明度"就行了。

5.14　制作蛇皮面料

本实例使用滤镜制作蛇皮面料。为了模拟真实的蛇皮纹理形状，将从4个方面逐步展开，即不规则色块、纹理大小的变化、纹理立体感的呈现，以及纹理色彩和亮度的变化。

01 创建一个10厘米×10厘米、分辨率为200像素/英寸的RGB模式文件。将前景色设置为绿色，将背景色设置为深绿色。按Ctrl+Delete快捷键填充深绿色，如图5-177所示。按Ctrl+J快捷键复制"背景"图层，然后单击"背景"图层，如图5-178所示。

图5-177　　　　　　　　　图5-178

02 执行"滤镜"|"纹理"|"染色玻璃"命令，打
开"滤镜库"，设置参数如图5-179所示。该滤
镜可以将图像划分为不规则的、类似于玻璃块似的多
边形色块，并用前景色填充色块之间的缝隙，这种效
果与蛇皮纹路非常相似，如图5-180所示。

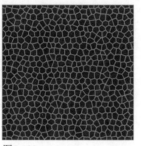

图5-179　　　　　　　　　图5-180

03 单击"图层1"。按Alt+Ctrl+F快捷键，用"染
色玻璃"滤镜处理该图层，设置"单元格大
小"为9，如图5-181所示，生成更加密集的纹理，如
图5-182所示。

图5-181　　　　　　　　　图5-182

04 使用矩形选框工具选取中间图像，执行"选
择"|"修改"|"羽化"命令，对选区进行羽化
操作，如图5-183所示。按Shift+Ctrl+I快捷键反选，
按Delete键删除选区内的图像，如图5-184和图5-185
所示。按Ctrl+E快捷键合并图层，如图5-186所示。

图5-183　　　　　　　　　图5-184

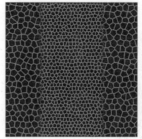

图5-185　　　　　　　　　图5-186

05 执行"滤镜"|"模糊"|"高斯模糊"命令，让
色块边缘变得柔和一些，如图5-187和图5-188
所示。

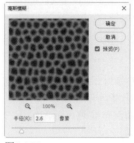
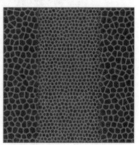

图5-187　　　　　　　　　图5-188

06 按Ctrl+L快捷键，打开"色阶"对话框，将阴影
滑块和高光滑块向中间拖曳，增加对比度，这
样色块的边角就变得圆滑了，而且缝隙的宽度也有了
比较自然的变化，如图5-189和图5-190所示。

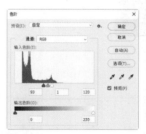
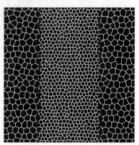

图5-189　　　　　　　　　图5-190

07 使用吸管工具在浅绿色缝隙上单击，拾取颜
色。选择画笔工具，在"画笔"下拉面板中
选择"硬边圆"笔尖，设置"大小"为4像素，如图
5-191所示。在中间图形与两侧图形的交界处涂抹，
将断开的色块边线封闭起来，如图5-192所示。

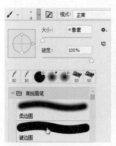
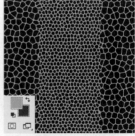

图5-191　　　　　　　　　图5-192

08 单击"背景"图层，按Ctrl+J快捷键复制。执行"滤镜"|"风格化"|"浮雕效果"命令，为色块添加立体效果，让它们看上去呈现凸出感，如图5-193和图5-194所示。

图5-193 　　　　图5-194

09 单击"背景"图层，按Ctrl+J快捷键复制，如图5-195所示。执行"滤镜"|"渲染"|"云彩"命令，制作出云彩图案，如图5-196所示。

图5-195 　　　　图5-196

10 将"背景 副本"图层的混合模式设置为"变亮"，将"图层1"的混合模式设置为"正片叠底"，如图5-197和图5-198所示，效果如图5-199所示。按Shift+Ctrl+E快捷键，合并全部图层。如果想要保留原有图层的话，也可按Shift+Alt+Ctrl+E快捷键，将当前效果盖印到一个新的图层中。用减淡工具（范围：中间调，曝光度：40%）涂抹图形两边，营造出光亮效果，如图5-200所示。

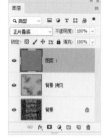

图5-197 　　　　图5-198

图5-199 　　　　图5-200

5.15 制作豹皮面料

本实例使用野生豹子图像作为素材制作一个豹纹坎肩。现成的素材大大简化了制作过程，而且效果更加真实。但仍需使用Photoshop的绘画工具描绘阴影，表现立体感。

01 打开素材，如图5-201所示。使用矩形选框工具创建选区，选取纹理图案最丰富的部分，如图5-202所示。按Ctrl+C快捷键复制选中的图像。

图5-201 　　　　图5-202

02 打开上衣素材，如图5-203和图5-204所示。使用魔棒工具 ✦ 选取坎肩的肩膀部分，如图5-205所示。执行"选择"|"修改"|"扩展"命令，将选区向外扩展1像素，如图5-206所示。

图5-203

图5-204

图5-205

图5-206

03 执行"编辑"|"选择性粘贴"|"贴入"命令，将复制的豹纹图案贴到选区内，此时Photoshop会自动添加蒙版，将原选区之外的图像隐藏，如图5-207和图5-208所示。

图5-207

图5-208

提示 *Point*

执行"贴入"命令后，图像与蒙版之间没有链接，此时可对图案进行自由变换，或根据衣服的结构对图案进行变形。如果单击了蒙版缩览图，则变换的只是蒙版。如果要让图像与蒙版之间建立链接，可以在它们中间单击，显示 ᏻ 状图标后即可。

04 按Ctrl+T快捷键显示定界框，如图5-209所示，将光标放在定界框内，拖曳鼠标，将图案向上移动。按住Shift键拖曳定界框的一角，将图案等比缩小，如图5-210所示。

图5-209

图5-210

05 拾取"色板"面板中的"深黑暖褐"色作为前景色，如图5-211所示。新建一个图层，设置混合模式为"正片叠底"。按Alt+Ctrl+G快捷键创建剪贴蒙版，如图5-212所示。

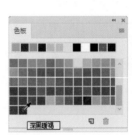
图5-211

图5-212

06 使用画笔工具 ✦ （柔角笔尖）绘制出衣服的暗部，如图5-213和图5-214所示。

图5-213

图5-214

07 选取坎肩的领子部分，执行"编辑"|"选择性粘贴"|"贴入"命令，粘贴豹纹图案，如图5-215和图5-216所示。采用第5步的方法，创建图层及剪贴蒙版，并修改混合模式，然后用画笔工具 ✦ 绘制出领子的暗部，如图5-217和图5-218所示。

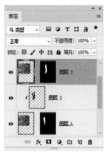

图5-215　　　　　　图5-216

图5-217　　　　　　图5-218

08 用同样的方法制作出坎肩的其他部分，如图5-219和图5-220所示。

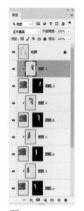

图5-219　　　　　　图5-220

09 选择"上衣"图层，单击面板顶部的 ▨ 按钮，将该图层的透明区域锁定，如图5-221所示。调整前景色（R：74，G：60，B：52），按Alt+Delete快捷键，为上衣填充颜色，如图5-222所示。

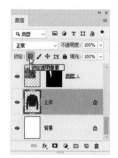

图5-221　　　　　　图5-222

10 双击"上衣"图层，打开"图层样式"对话框，添加"图案叠加"效果。打开"图案"下拉面板菜单，加载"旧版图案"库，选择其中的"微粒"，设置混合模式为"颜色减淡"，为上衣添加这种图案，如图5-223所示。

11 按住Ctrl键单击"上衣"图层的缩览图，将上衣选区加载到画面上，如图5-224和图5-225所示。下面用它来限定绘画范围。

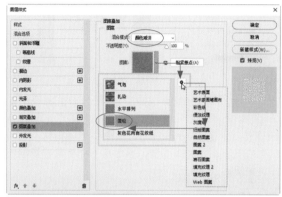

图5-223

图5-224　　　　　　图5-225

12 新建一个名称为"阴影"的图层，设置混合模式为"正片叠底"，"不透明度"为40%。将前景色设置为黑色。使用画笔工具 ✎（柔角笔尖）绘制出衣服的暗部和褶皱，如图5-226和图5-227所示。

图5-226　　　　　　图5-227

13 选择橡皮擦工具 ◢ ，设置"不透明度"为 50%，"大小"为80像素，如图5-228所示，擦除笔触的边缘，使阴影自然柔和，如图5-229所示。

图5-228　　　　　　图5-229

14 新建一个名称为"纽扣"的图层。选择画笔工具 ✎ ，选择一个柔角笔尖，设置"大小"为 15像素，"硬度"为80%，"间距"为400%，如图 5-230所示。按住Shift键，由上至下拖曳鼠标绘制衣扣，如图5-231所示。

图5-230　　　　　图5-231

15 双击"纽扣"图层，打开"图层样式"对话框，添加"斜面和浮雕"效果，设置参数如图 5-232所示，使纽扣产生立体效果。再添加一个"投影"效果，如图5-233和图5-234所示。

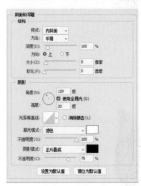

图5-232　　　　　　　　　图5-233

图5-234

5.16　制作孔雀图案面料

在Adobe公司的众多软件里，Photoshop是图像编辑类程序，Illustrator是矢量图形编辑程序，它们各有分工，也各有所长。本实例使用的是Illustrator中的孔雀、印度豹和斑马图案，将它们以智能对象的形式嵌入Photoshop文件中，并进行自动更新。需要说明的是，要完成本实例，计算机中需要安装有Adobe Illustrator。

01 运行Adobe Illustrator。执行"窗口" | "色板库" | "图案" | "自然" | "自然_动物皮"命令，加载该图案库，选择图5-235所示的图案。使用矩形工具 ▭ 创建一个矩形，它会自动填充该图案，如图5-236所示。

02 按Ctrl+C快捷键复制矩形。切换到Photoshop，打开前一个实例的效果文件。单击"图层1"，如图5-237所示，按Ctrl+V快捷键粘贴图形，弹出图5-238所示的对话框，选择"智能对象"选项。

图5-235　　　　图5-236

图5-237　　　　图5-238

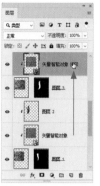

图5-243　　　　图5-244

05 按住Alt键向上拖曳"矢量智能对象"图层到"图层3"上方，复制该图层，如图5-243所示。通过这种方法为坎肩领子添加孔雀羽毛图案，如图5-244所示。

06 用同样的方法，将"矢量智能对象"图层复制到其他剪贴蒙版组中，制作出带有孔雀纹理的坎肩，如图5-245和图5-246所示。

03 单击"确定"按钮，粘贴图形，如图5-239所示（如果图形大小与图示中不同，可以拖曳控制点进行调整）。按Enter键，图形会保存到一个矢量智能对象图层上，如图5-240所示。

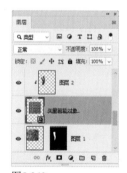

图5-239　　　　图5-240

图5-245　　　　图5-246

04 按Alt+Ctrl+G快捷键，将其与"图层1"创建为剪切蒙版组，如图5-241和图5-242所示。

07 我们置入的是一个Illustrator中的矢量图形，Photoshop将其创建为智能对象。这个图形与原程序（Illustrator）之间存在着链接关系。什么意思呢？就是这个图形可以用原程序编辑，而且，Photoshop文件中的智能对象会自动更新到与之相同的效果。可链接和自动更新是智能对象非常大的优点。我们只要双击"矢量智能对象"缩览图右下角的图标，如图5-247所示，就会自动跳转到Illustrator中。使用选择工具选取画面中的矩形图案，单击"自然_动物皮"图案面板中的"美洲鳄鱼"，如图5-248所示，用它替换原有的图案，如图5-249所示，然后按Ctrl+S快捷键保存修改结果。

图5-241　　　　图5-242

图5-247

图5-248　　图5-249

08 切换到Photoshop中，可以看到，图案会立刻更新，如图5-250所示。图5-251和图5-252所示为使用Illustrator另外两种图案——"印度豹"和"斑马"图案制作的效果。

图5-251　　　　　　　图5-252

图5-250

技巧

智能对象有几种不同的创建方法。除本实例中的方法外，使用"文件"｜"打开为智能对象"命令，可以打开一个文件，并创建为智能对象。使用"图层"｜"智能对象"｜"转换为智能对象"命令，可以将所选图层转换为智能对象。使用"文件"｜"置入嵌入对象"命令，可以在当前文件中置入一个智能对象。

5.17　制作印花面料

本实例使用Photoshop中的图形绘制纹样，并定义成图案，用以制作印花面料。为了让纹样连续排列，需要使用参考线定位图案范围，因此，参考线的位置是本实例的关键。

图5-253　　　　　　　图5-254

01 创建一个10厘米×10厘米、分辨率为200像素/英寸的RGB模式文件。在画面中填充绿色（R：95，G：154，B：52）。将前景色设置为黄绿色（R：158，G：201，B：39），选择自定形状工具，在工具选项栏中选取"形状"选项，打开"形状"下拉面板，选择图5-253所示的3种图形，进行绘制，如图5-254所示。

02 使用路径选择工具，单击并拖出一个矩形选框，将路径图形全部选取，如图5-255所示。按住Alt键拖曳进行复制，之后调整它们的位置，制作出图5-256所示的图案。

03 按Ctrl+R快捷键显示标尺。使用路径选择工具拖出一个选框，将路径全部选取，此时会显示锚点，如图5-257所示。将光标放在标尺上，单击并向画面拖曳鼠标，从标尺中拖出参考线（4条），以锚点为参照，将参考线放在这些图形最中心的那一个周围，如图5-258所示。下面要将参考线内的图像定义为图案，因此参考线的位置一定要准确，否则填充图案时，图案之间衔接不上，没法形成连续纹样。

图5-255　　　　图5-256

图5-257　　　　图5-258

04 在"背景"图层的眼睛图标 ● 上单击，隐藏该图层，如图5-259所示。使用矩形选框工具 □，选择被参考线围住的图形，如图5-260所示。

图5-259　　　　图5-260

05 执行"编辑"|"定义图案"命令，将图形定义为图案，如图5-261所示。

图5-261

06 显示并选择"背景"图层，如图5-262所示，按Ctrl+J快捷键进行复制，如图5-263所示。

 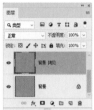

图5-262　　　　图5-263

07 双击"背景副本"图层，打开"图层样式"对话框，添加"图案叠加"效果，在"图案"下拉面板中选择新创建的图案，如图5-264所示。将形状图层隐藏，效果如图5-265所示。

 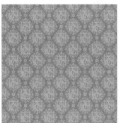

图5-264　　　　图5-265

5.18　制作印经面料

印经面料也称"经轴印花"面料，是一种在经丝上印花的面料。其特点是花型立体感强，而且随着观察角度的变化，颜色亦会变化，深浅不一，层层叠叠，与传统水墨画法中的"积墨"效果相似。本实例介绍它的制作方法。

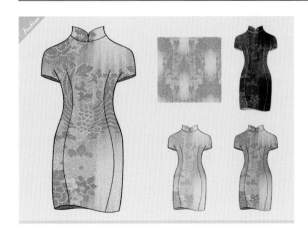

01 创建一个10厘米×10厘米、分辨率为300像素/英寸的RGB模式文件。将背景色设置为浅棕黄色（R：231，G：224，B：207），按Ctrl+Delete快捷键填色。打开素材，使用移动工具 ✛ 将其拖入"印经布料"文件。按Ctrl+T快捷键显示定界框，拖曳控制点，将图形适当缩小。按Enter键进行确认，如图5-266所示。

图5-266

02 按住Alt键拖曳素材进行复制。按住Ctrl键依次单击"图层"面板中的所有素材图层，将它们选择，单击工具选项栏中的 ⊞ 按钮和 ⊞ 按钮，将图形对齐，效果如图5-267所示。选择中间的图形，执行"编辑"|"变换"|"水平翻转"命令，创建镜像效果，如图5-268所示。

图5-267　　　　　　　图5-268

03 按住Ctrl键，单击"图层1"及其副本图层，将这3个图层选取，如图5-269所示，按Ctrl+E快捷键合并。将图层名称修改为"图层1"，如图5-270所示。

图5-269　　　　图5-270

04 将前景色设置为浅棕色（R：182，G：150，B：126），背景色仍然为浅棕黄色。执行"滤镜"|"素描"|"半调图案"命令，打开"滤镜库"，添加网点图案，如图5-271和图5-272所示。

图5-271　　　　　　　　图5-272

05 按两次Ctrl+J快捷键，复制出两个图层，如图5-273所示。选择"图层1"，执行"滤镜"|"模糊"|"动感模糊"命令，通过纵向模糊，使图案产生晕染效果，如图5-274和图5-275所示。对"图层1 拷贝"也进行模糊，距离设置为120像素，如图5-276所示。按Shift+Ctrl+E快捷键合并全部图层。

图5-273　　　　　图5-274

图5-275　　　　　　　图5-276

06 执行"滤镜"|"纹理"|"纹理化"命令，添加布纹质感，如图5-277和图5-278所示。

图5-277　　　　　　　图5-278

5.19　制作蜡染面料

蜡染是用蜡刀蘸熔蜡在布上绘花，再以蓝靛浸染，去蜡以后，布面就呈现出蓝底白花或白底蓝花的多种图案。在浸染中，作为防染剂的蜡自然龟裂，还会使布面呈现特殊的"冰纹"。本实例介绍这种面料的制作方法。

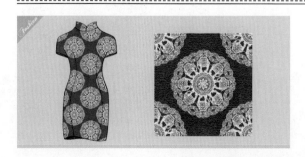

01 创建一个10厘米×10厘米、分辨率为72像素/英寸的RGB模式文件。将前景色设置为蓝色，如图5-279所示。按Alt+Delete快捷键填色，如图5-280所示。

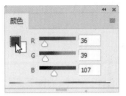

图5-279　　　　　　　图5-280

02 打开素材，如图5-281所示。这是一个分层文件，白色花纹位于一个单独的图层中，如图5-282所示。

图5-281　　　　　　　图5-282

03 使用移动工具 ✛ 将其拖入到"蜡染布料"文件，生成"图层1"。在画面中，按住Alt键拖曳鼠标复制图形，如图5-283所示，排列成图5-284所示的形状。

图5-283　　　　　　　图5-284

04 按Shift+Alt+Ctrl+E快捷键，将当前效果盖印到一个新的图层中。执行"滤镜"|"纹理"|"纹理化"命令，打开"滤镜库"，设置参数如图5-285所示，效果如图5-286所示。

图5-285　　　　　　　图5-286

5.20 制作扎染面料

扎染与蜡染、镂空印花并称为我国古代三大印花技艺。它是一种织物在染色时部分结扎起来，使之不能着色的染色方法，被扎结部分保持原色，未被扎结部分均匀受染，从而形成深浅不均、层次丰富的色晕和皱印。本实例介绍这种面料的制作方法。

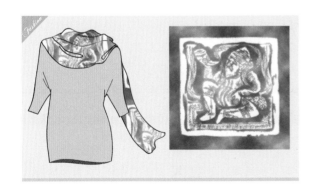

图5-287　　　　　　　图5-288

02 将它拖入"扎染布料"文件中，适当调整大小，如图5-289所示。连按两次Ctrl+J快捷键进行复制，如图5-290所示。

01 创建一个10厘米×10厘米、分辨率为150像素/英寸的RGB模式文件。设置前景色为蓝色（R：24，G：48，B：116），背景色为白色。执行"滤镜"|"渲染"|"云彩"命令，效果如图5-287所示。打开素材，如图5-288所示。

图5-289　　　　　　　图5-290

03 单击"图层1",执行"滤镜"|"模糊"|"动感模糊"命令,设置"角度"为45度,如图5-291所示,效果如图5-292所示。

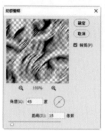 

图5-291　　　　　　　图5-292

04 将该图层的混合模式设置为"正片叠底",不透明度设置为50%,隐藏其他图层查看效果,如图5-293和图5-294所示。

图5-293　　　　　　　图5-294

05 选择并显示"图层1 拷贝",修改混合模糊和不透明度,如图5-295所示。用"动感模糊"滤镜处理,设置模糊角度为-45度,"距离"参数不变,效果如图5-296所示。

06 选择并显示"图层1 拷贝2",设置混合模式为"柔光"。执行"滤镜"|"画笔描边"|"喷溅"命令,在图案边缘生成喷溅的线条,如图5-297和图5-298所示。

图5-295　　　　　　　图5-296

图5-297　　　　　　　图5-298

07 单击"调整"面板中的 ■ 按钮,创建"渐变映射"调整图层,调整颜色,如图5-299和图5-300所示。

图5-299　　　　　　　图5-300

5.21　制作发光面料

本实例使用滤镜让像素结块,在渐变背景的映衬下,产生发光效果,从而模拟发光面料。

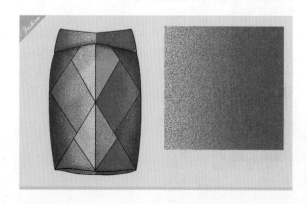

01 创建一个10厘米×10厘米、分辨率为150像素/英寸的RGB模式文件。设置前景色(R:255,G:205,B:227)和背景色(R:228,G:0,B:127)。选择渐变工具 ■ ,在"渐变"下拉面板中选择"前景色到背景色渐变",如图5-301所示。在画面中拖曳鼠标填充渐变,如图5-302所示。

02 执行"滤镜"|"像素化"|"点状化"命令,让像素结块成为彩色杂点,并随机分布,在浅色渐变区域的衬托下,产生发光效果,如图5-303和图5-304所示。

图5-301

图5-302

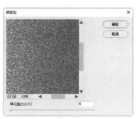

图5-303

图5-304

5.22 制作亮片装饰面料

本实例使用画笔工具绘制圆形亮片。通过对"颜色动态"的设定，让亮片颜色在前景色和背景色之间变化，之后通过曲线调整，增强亮度反差。

01 创建一个500像素×500像素、分辨率为72像素/英寸的RGB模式文件。选择画笔工具 ✏，在"画笔设置"面板中选择"尖角"笔尖，设置"大小"为50像素，"间距"为100%，如图5-305所示。选择左侧列表的"颜色动态"选项，设置"前景/背景抖动"为100%，如图5-306所示。

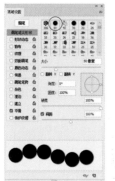

图5-305

图5-306

02 在"图层"面板中新建一个图层。在"色板"面板中拾取浅青色作为前景色，如图5-307所示。将画笔放在画面左上角，单击鼠标，然后按住

Shift键（可以锁定水平方向）向右拖曳鼠标，绘制一排圆点，如图5-308所示。

图5-307

图5-308

03 放开鼠标及Shift键。将光标放在下一行的起点处，单击并按住Shift键拖曳鼠标，绘制第二行圆点，如图5-309所示。用同样的方法绘制圆点，直至排满画面，如图5-310所示。

图5-309

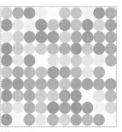

图5-310

04 单击"调整"面板中的 按钮，创建"曲线"调整图层。将曲线向下拖曳，增强亮度反差，如图5-311和图5-312所示。

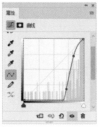

图5-311

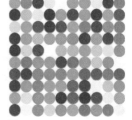

图5-312

5.23 制作柔软的天鹅绒面料

天鹅绒是秋装流行面料，采用高配以上的优质棉纱制成，面料质量较重，具有奢华的气质和丰富的纹理。本实例介绍这种面料的制作方法。

01 创建一个10厘米×10厘米、分辨率为150像素/英寸的RGB模式文件。将前景色设置为橙色，如图5-313所示。按Alt+Delete快捷键填色，如图5-314所示。

图5-313

图5-314

02 执行"滤镜" | "杂色" | "添加杂色"命令，打开"添加杂色"对话框，选择"高斯分布"选项，采用沿钟形曲线分布的方式添加杂点，如图

5-315和图5-316所示。如果选择"平均分布"，则会随机地在图像中加入杂点，效果比较柔和。

图5-315

图5-316

03 执行"滤镜" | "艺术效果" | "底纹效果"命令，设置参数如图5-317所示，制作出呈现柔和底纹效果的面料，如图5-318所示。

图5-317

图5-318

5.24 制作光滑的丝绸面料

丝绸面料色彩艳丽、光滑、垂顺，呈现幽雅的珍珠光泽，是一种昂贵的高档面料。本实例利用涂抹工具将图像素材处理为丝绸面料。该工具可以扭曲图像，让色彩产生融合，可以完美地展现丝绸效果。

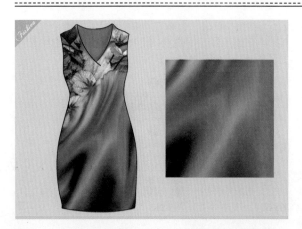

01 打开素材，如图5-319和图5-320所示。使用移动工具✥将花朵素材拖入衣服文件中，设置混合模式为"正片叠底"。

图5-319

图5-320

图5-321　　　　　　　　图5-322

02 按Alt+Ctrl+G快捷键创建剪贴蒙版，将衣服轮廓以外的图像隐藏，如图5-321和图5-322所示。

03 选择涂抹工具 ，在工具选项栏中设置工具"大小"为100像素，"强度"为80%。在花朵素材上涂抹，使颜色之间产生融合（衣服上部不做处理），如图5-323所示。

04 衣服下部有些深灰色，不太通透。另外花朵素材本身颜色较多，显得有些凌乱。下面统一一下颜色。单击"调整"面板中的 按钮，创建"色相/饱和度"调整图层。选取"着色"选项，调整参数，将面料调整为洋红色，如图5-324和图5-325所示。

图5-323　　　　　　图5-324　　　　　　图5-325

05 设置该图层的混合模式为"变暗"，让下方图层（花朵素材）中的深色透出来，如图5-326和图5-327所示。

图5-326　　　　　　图5-327

5.25　制作透明的蕾丝面料

本实例使用绘图工具绘制一个基本图形，然后将其定义为画笔笔尖，再通过画笔工具绘制成蕾丝纹样。

01 创建一个80像素×80像素、分辨率为120像素/英寸的RGB模式文件。创建两个图层。选择自定形状工具 及"像素"选项，在"形状"下拉面板中选取图5-328所示的两个图形，按住Shift键（锁定比例）拖曳鼠标绘制这两个图形，如图5-329所示。

02 按住Ctrl键单击"图层1"，将它与当前图层同时选取，如图5-330所示，按Ctrl+E快捷键合

并。执行"编辑"|"定义画笔预设"命令，将绘制的花纹定义为画笔笔尖，如图5-331所示。

图5-328　　　　　　　图5-329

图5-330　　　　图5-331

03 打开素材。单击"路径"面板底部的 按钮，新建一个路径层。选择钢笔工具 ，在工具选项栏中选取"路径"选项，沿睡衣上方绘制出弧线，如图5-332和图5-333所示。

白处单击，隐藏路径，效果如图5-337所示。

图5-332　　　　　图5-333

04 新建一个图层，如图5-334所示。选择画笔工具 ，此时会自动选取我们定义的笔尖，设置大小为75像素，间距为75%，如图5-335所示。

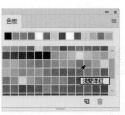

图5-336　　　　　图5-337

06 在"画笔设置"面板中选取"翻转Y"选项，让笔尖垂直翻转，如图5-338所示。按住Shift键，在睡衣的底边绘制蕾丝花纹，效果如图5-339所示。

图5-334　　　　　图5-335

05 单击"色板"面板中的浅紫洋红色，将其设置为前景色，如图5-336所示。单击"路径"面板底部的 ○ 按钮，用画笔描边路径。在"路径"面板空

图5-338　　　　　图5-339

5.26　制作轻薄的纱质面料

本实例使用烟雾素材制作纱质面料。烟雾轻薄、透明，与纱的特性和质感非常相似，在表现纱质面料方面有着天然的优势。

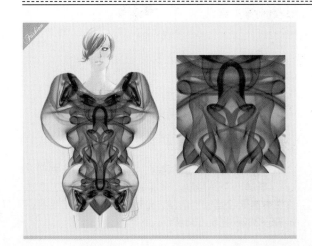

01 打开素材。使用移动工具 将烟雾拖入人物文档，如图5-340所示。按Ctrl+I快捷键，对色彩进行反相处理，所有颜色都会转换为其补色（如黑、白互相转换，黄、蓝互相转换），如图5-341所示。

02 按Ctrl+U快捷键，打开"色相/饱和度"对话框，选取"着色"选项，将烟雾调整为洋红色，如图5-342和图5-343所示。

图5-340　　　　图5-341

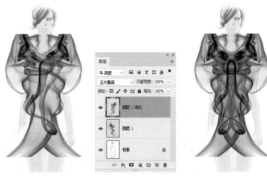

图5-346　　　　图5-347　　　　图5-348

图5-342　　　　　　　图5-343

03 选择魔棒工具 🪄，按住Shift键在白色背景上单击，将烟雾的背景选取，如图5-344所示，按Delete键删除，按Ctrl+D快捷键取消选择，如图5-345所示。

05 按Ctrl+E快捷键，将当前图层与下方图层合并。单击"图层"面板底部的 🔲 按钮，添加图层蒙版。使用画笔工具 ✏ 在裙摆处涂抹黑色，将烟雾隐藏，如图5-349和图5-350所示。

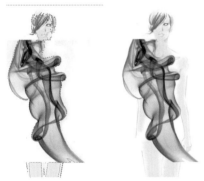

图5-344　　　　图5-345

 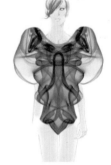

图5-349　　　　图5-350

06 按Ctrl+J快捷键复制当前图层。按Ctrl+T快捷键显示定界框，单击鼠标右键，打开快捷菜单，选择"垂直翻转"命令，翻转图像，再将其调小，如图5-351所示。在定界框外单击进行确认，如图5-352所示。

技巧

使用魔棒工具 🪄，以及椭圆选框工具 ⬭、套索工具 ◯、多边形套索工具 ⎇、磁性套索工具 ⧟、快速选择工具 ✏ 时，按住Shift键单击，可以在现有选区的基础上添加新的选区；按住Alt键单击，可在当前选区中减去新创建的选区；按住Shift+Alt快捷键单击，可得到与当前选区相交的选区。

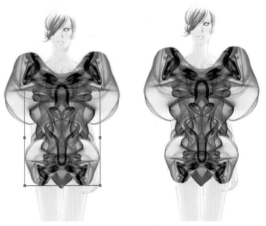

04 按Ctrl+J快捷键复制当前图层。执行"编辑"|"变换"|"水平翻转"命令，翻转图像，

图5-351　　　　图5-352

5.27 制作厚重的粗呢面料

粗呢又叫"粗花呢"，是原产于苏格兰的一种精致斜纹织物，具有防皱耐磨、高雅挺括、舒适保暖等特点。本实例使用矩形工具和铅笔工具，绘制类似像素画一样的色块图形，然后将其定义为图案，并以图层样式的方法应用，制作成粗呢面料。

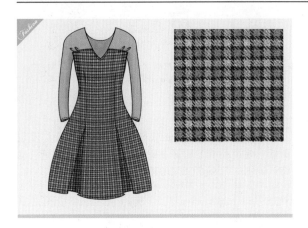

01 创建一个6厘米×6厘米、分辨率为100像素/英寸的RGB模式文件。执行"编辑"|"首选项"|"参考线、网格和切片"命令，打开"首选项"对话框，选择虚线网格，设置网格线间隔为10毫米，子网格为4，如图5-353所示。

图5-353

02 执行"视图"|"显示"|"网格"命令，在画面中显示网格，如图5-354所示。在网格的辅助下，用矩形工具 □ 和铅笔工具 ✏ （方头）绘制类似像素画一样的色块图形，如图5-355所示。

图5-354

图5-355

03 按Ctrl+A快捷键全选，执行"编辑"|"定义图案"命令，将绘制的图形定义为图案，如图5-356所示。

图5-356

04 新建一个10厘米×10厘米、分辨率为72像素/英寸的RGB模式文件。按Ctrl+J快捷键复制"背景"图层。双击复制后的图层，打开"图层样式"对话框，添加"图案叠加"效果，在"图案"下拉面板中选择新创建的图层，设置缩放参数为7%，如图5-357和图5-358所示。

图5-357

图5-358

技巧

通过"图案叠加"的方式填充图案，可以对图案进行缩放，而且调整起来更为方便，只需在"图案"下拉面板中选择其他图案即可。如果事先将图层填充了颜色，再添加"图案叠加"效果，混合模式的设置则可以使图案效果变得更为丰富。

05 按Ctrl+E快捷键合并所有图层。执行"滤镜"|"杂色"|"添加杂色"命令，通过添加杂点表现面料质感，如图5-359和图5-360所示。

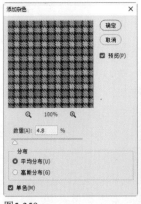

图5-359

图5-360

5.28 制作粗糙的棉麻面料

棉麻面料质地柔软、环保健康、舒适度高，符合都市白领放松、休闲的生活态度。本实例使用滤镜表现棉麻纤维效果，并通过混合模式将横向、纵向纤维叠加在一起。

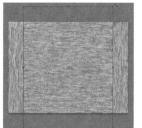

图5-364　　　　　图5-365

图5-366　　　　　图5-367

01 创建一个800像素×600像素、分辨率为72像素/英寸的RGB模式文件。将前景色设置为土黄色（R：171，G：132，B：78），背景色设置为浅黄色（R：234，G：226，B：214），如图5-361所示。执行"滤镜"|"渲染"|"纤维"命令，设置参数如图5-362所示。该滤镜使用前景色和背景色生成随机的编织纤维效果，如图5-363所示。

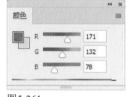

图5-361

04 单击"调整"面板中的 ▦ 按钮，创建"色相/饱和度"调整图层，将颜色调淡一些，如图5-368和图5-369所示。

图5-368　　　　　图5-369

05 选择"图层1"。执行"滤镜"|"杂色"|"添加杂色"命令，添加杂色，丰富纹理细节，如图5-370和图5-371所示。

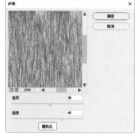

图5-362　　　　　图5-363

02 按Ctrl+J快捷键复制"背景"图层。按Ctrl+T快捷键显示定界框，将光标放在定界框的右上角，按住Shift键拖曳鼠标将图像旋转90度，如图5-364所示。将光标放在定界框侧面的控制点上，拖曳鼠标，将图像拉长，使它填满整个画布，如图5-365所示。

03 设置该图层的混合模式为"正片叠底"，将横向、纵向纤维叠加在一起，来表现经线和纬线纺织效果，如图5-366和图5-367所示。

图5-370　　　　　图5-371

第6章 服饰配件

6.1 绘制水晶鞋

本实例制作一款时尚的厚底高跟女式凉鞋。鞋子的灵感来自于南极的海上冰山，海为宁静的蓝色，山川覆盖着冰雪，在阳光、碧水的映照下绚烂夺目。穿上这样一款水晶鞋，会给炎热的夏季带来清爽的凉意。本实例是一个运用了Photoshop绘图功能+绘画功能+图层样式+滤镜的综合项目，重点是用图层样式表现鞋子的光感，然后在其上叠加用"点状化"滤镜制作的彩色颗粒，以表现璀璨的水晶质感。

01 按Ctrl+N快捷键，打开"新建文档"对话框，创建一个21厘米×29.7厘米、分辨率为150像素/英寸的RGB模式文件。分别单击"路径"面板和"图层"面板底部的 🔲 按钮，新建名称为"脚"的路径层和图层，如图6-1和图6-2所示。

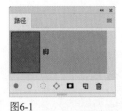

图6-1　　　　　图6-2

02 选择钢笔工具 ✐ ，在工具选项栏中选取"路径"选项，绘制脚部路径，如图6-3所示。将前景色设置为粉色（R: 246，G: 209，B: 203），

单击"路径"面板底部的 ● 按钮，用前景色填充路径，如图6-4所示。

图6-3　　　　　　　　图6-4

03 在"路径"面板空白处单击，隐藏路径。单击"图层"面板顶部的 🔳 按钮，将图层的透明区域锁定，如图6-5所示。使用画笔工具 ✐ （柔角）绘制脚的明暗结构，如图6-6所示。

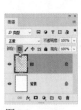

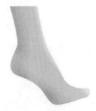

图6-5　　　　　　　　图6-6

04 分别单击"路径"面板和"图层"面板底部的 🔲 按钮，新建"鞋底"路径层和图层，如图6-7和图6-8所示。用钢笔工具 ✐ 绘制鞋底路径，如图6-9所示。按Ctrl+Enter快捷键，将路径转换为选区，如图6-10所示。

图6-7　　　　　　　　图6-8

图6-9

图6-10

07 用钢笔工具 ✐ 绘制鞋底的另一面，如图6-15所示。将前景色设置为蓝色（R：52，G：137，B：189），单击"路径"面板底部的 ● 按钮，用前景色填充路径，如图6-16所示。

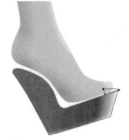

图6-15　　　　　　　　图6-16

08 单击"路径"面板底部的 🔲 按钮，新建一个名称为"鞋面"的路径层。绘制鞋面，如图6-17和图6-18所示。

05 选择渐变工具 ▨，单击工具选项栏中的渐变颜色条 ▬▬，打开"渐变编辑器"，修改渐变颜色，如图6-11所示。在选区内沿倾斜方向拖曳鼠标填充渐变，如图6-12所示。

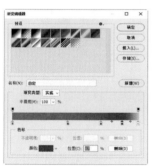

图6-11

图6-12

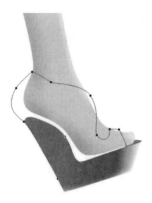

图6-17　　　　　　　　图6-18

09 绘制内部孔洞区域的路径，如图6-19所示。在工具选项栏中选择"减去顶层形状"选项，如图6-20所示，实现路径的挖空效果。

06 选择画笔工具 ✐ 及"柔边圆"笔尖，设置"大小"为50像素，如图6-13所示。将前景色设置为白色，在鞋底边缘涂抹，如图6-14所示。按Ctrl+D快捷键，取消选择。

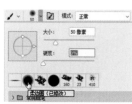

图6-13

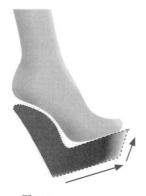

图6-14

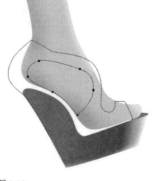

图6-19　　　　　　　　图6-20

10 在"图层"面板中新建名称为"鞋面"的图层。单击"路径"面板底部的 ● 按钮，用前景色（白色）填充路径，如图6-21所示。在"路径"面板空白处单击，隐藏路径，如图6-22所示。

图6-21

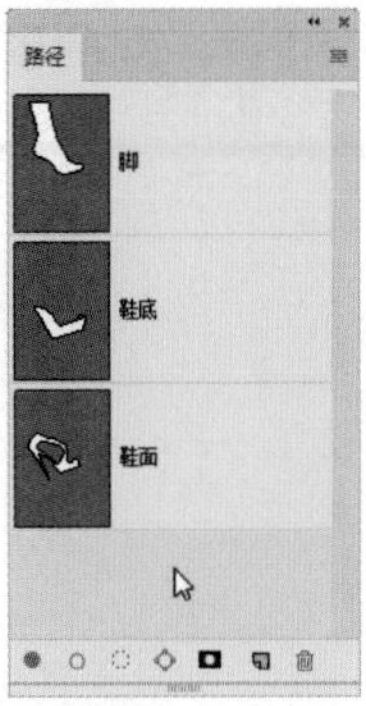

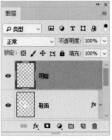

图6-22

11 双击"鞋面"图层，打开"图层样式"对话框，添加"描边"效果，将描边颜色设置为蓝色，如图6-23和图6-24所示。

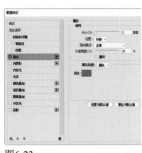

图6-23

图6-24

12 单击左侧列表中的"内发光"效果，将发光颜色设置为蓝色，使鞋面产生明暗变化的立体效果，如图6-25和图6-26所示。

图6-25

图6-26

13 按住Ctrl键单击"鞋面"图层的缩览图，如图6-27所示，载入鞋面选区，如图6-28所示。

图6-27

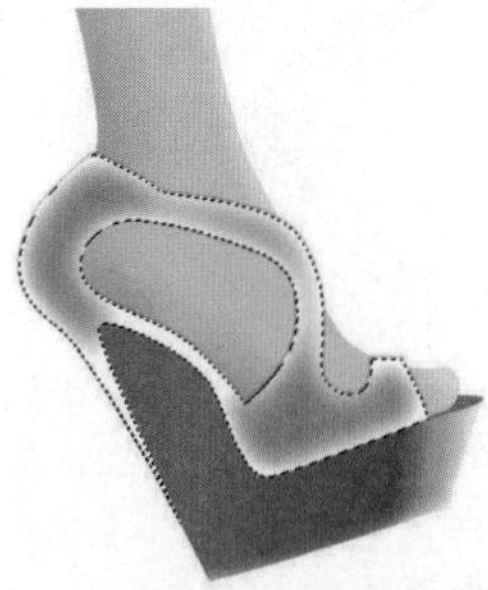

图6-28

14 新建一个名称为"明暗"的图层，如图6-29所示。用画笔工具 ✎ 在鞋面边缘涂抹蓝色，如图6-30所示。

图6-29

图6-30

15 新建一个名称为"水晶效果"的图层，如图6-31所示。将前景色设置为白色，按Alt+Delete快捷键填充白色，按Ctrl+D快捷键取消选择，如图6-32所示。

图6-31

图6-32

16 执行"滤镜"|"像素化"|"点状化"命令，添加随机的彩色网点，如图6-33和图6-34所示。

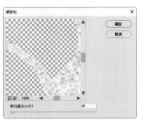

图6-33

图6-34

17 设置该图层的混合模式为"划分"，效果如图6-35所示。再重复使用4次"点状化"滤镜，强化彩点，生成璀璨的水晶质感，如图6-36所示。

图6-35

图6-36

6.2 绘制腰带

本实例设计制作一款优雅的绿色腰带，带扣为金色的树叶。腰带是一种束于腰间或身体之上，起固定衣服和装饰美化作用的饰品，好的设计可以起到提升气质、画龙点睛的作用。

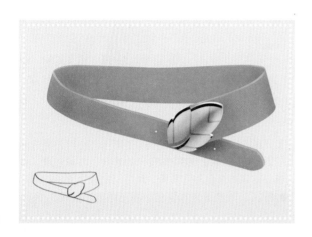

01 按Ctrl+N快捷键，打开"新建文档"对话框，创建一个29.7厘米×21厘米、分辨率为150像素/英寸的RGB模式文件。单击"路径"面板底部的 ▣ 按钮，新建一个路径层。选择钢笔工具 ✍️，在工具选项栏中选取"路径"选项，绘制腰带，如图6-37和图6-38所示。

图6-37　　　　　　　　图6-38

02 新建一个图层。将前景色设置为浅绿色（R：123，G：203，B：165）。使用路径选择工具 ▸ 单击左侧的路径，将其选取，单击"路径"面板底部的 ● 按钮，用前景色填充所选的路径区域，如图6-39所示。用同样的方法选取其余两个路径，分别新建图层，并填充颜色，如图6-40所示（腰带由3部分组成，每一部分都位于一个单独的图层中，便于调整明暗效果）。

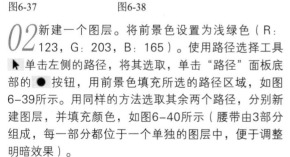

图6-39　　　　　　　　图6-40

03 分别选取每个图层，单击"图层"面板顶部的 ▨ 按钮，锁定透明区域。下面来表现腰带的厚度。选

择"图层1"，按住Ctrl键单击它的缩览图，如图6-41所示，载入选区。选择矩形选框工具 ▢，将光标放在选区内，单击并略向下拖曳鼠标，将选区向下移动一些，如图6-42所示。

图6-41　　　　　　　　图6-42

04 按Shift+Ctrl+I快捷键反选。将前景色设置为白色。选择画笔工具 ✏️（"不透明度"为50%），贴着腰带的选区边线绘制白色线条，表现腰带的厚度，如图6-43所示。用同样的方法表现腰带其他两个部分的厚度，如图6-44所示。

图6-43　　　　　　　　图6-44

05 使用加深工具 ✍️ 绘制出腰带的暗部，如图6-45所示。选择自定形状工具 ⬚，在工具选项栏的"形状"下拉面板中选择"叶子1"形状，如图6-46所示。将前景色设置为浅黄色。新建一个图层，绘制腰带扣，如图6-47所示。用与之前相同的方法表现明暗，制作扣眼，效果如图6-48所示。

图6-45　　　　　　　　图6-46

图6-47　　　　　　　　图6-48

6.3 绘制领带

本实例制作一款商务人士佩戴的领带。面料网点图案是用"半调图案"滤镜制作的。深浅不同的蓝色网点增添了领带的时尚感，简约中略有变化，庄重又不失雅致。

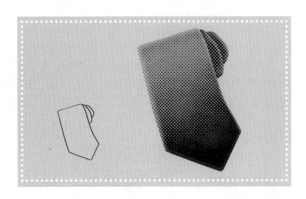

图6-55

图6-56

01 按Ctrl+N快捷键，创建一个21厘米×29.7厘米、分辨率为150像素/英寸的RGB模式文件。单击"路径"面板底部的 ◻ 按钮，新建一个路径层。选择钢笔工具 ✐ ，在工具选项栏中选取"路径"选项，绘制领带轮廓，如图6-49和图6-50所示。使用路径选择工具 ▶ 选取图6-51所示的路径。

04 单击"路径1"，如图6-57所示。使用路径选择工具 ▶ 单击图6-58所示的路径，将其选取。按X键，切换前景色与背景色。单击"路径"面板底部的 ● 按钮，用前景色（蓝色）填充路径，如图6-59所示。再使用一次"半调图案"滤镜（参数不变），效果如图6-60所示。

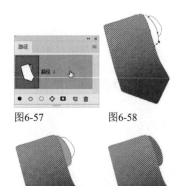
图6-57 　　　　　　　　图6-58

图6-59 　　　　　　　　图6-60

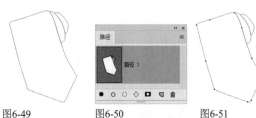

图6-49 　　　　图6-50 　　　　图6-51

02 按Ctrl+Enter快捷键，将路径转换为选区，如图6-52所示。新建一个图层。设置前景色为深蓝色（R：38，G：52，B：115），背景色为蓝色（R：54，G：201，B：213）。选择渐变工具 ▦ 及"前景色到背景色渐变"，如图6-53所示，由下向上拖曳鼠标填充线性渐变，按Ctrl+D快捷键取消选择，如图6-54所示。

05 用同样的方法为另一路径也填充相同的颜色，如图6-61所示。在"图层1"上方新建一个图层，设置混合模式为"柔光"，按Alt+Ctrl+G快捷键创建剪贴蒙版，如图6-62所示。

图6-52 　　　　图6-53 　　　　图6-54

03 执行"滤镜"|"素描"|"半调图案"命令，打开"滤镜库"，制作网点图案，如图6-55和图6-56所示。

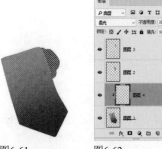
图6-61 　　　　　　　　图6-62

06 选择画笔工具 ✏️，在领带的暗部涂抹黑色，在高光区域涂抹白色，通过这种方法表现明暗和领带的厚度感，如图6-63所示。分别在"图层2"与"图层3"上方新建图层，并创建剪贴蒙版，绘制出领带不同位置的明暗效果，如图6-64和图6-65所示。

图6-63　　　　图6-64　　　　图6-65

6.4　绘制棒球帽

本实例设计制作一款时尚的棒球帽。其中使用了两个技巧。第一个是在"柔光"模式的图层中绘制黑色和白色，用这种方法影响下面图层中色块的明暗，进而表现出帽子的立体感。这种方法与使用中性色图层改变色调的原理相同。第二个是利用"划分"混合模式，让金属图案与颜色融合，生成类似毛毡状的絮状纹理。

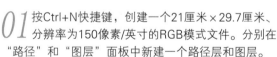

图6-66　　　　　　图6-67

01 按Ctrl+N快捷键，创建一个21厘米×29.7厘米、分辨率为150像素/英寸的RGB模式文件。分别在"路径"和"图层"面板中新建一个路径层和图层。

02 选择钢笔工具 ✒️，在工具选项栏中选取"路径"选项，绘制帽子轮廓，如图6-66~图6-68所示。将前景色设置为蓝色（R：124，G：201，B：210）。使用路径选择工具 ▶ 选取帽顶路径，单击"路径"面板底部的 ⬤ 按钮，用前景色填充路径，如图6-69所示。

图6-68　　　　　　　图6-69

03 将前景色调整为浅蓝色，填充其他路径，如图6-70和图6-71所示。

图6-70　　　　　　　图6-71

04 打开素材，如图6-72所示。使用移动工具 ✛ 将其拖入帽子文档中，如图6-73所示。

图6-72　　　　　　图6-73

05 按Ctrl+T快捷键显示定界框，将光标放在定界框外，拖曳鼠标旋转文字，如图6-74所示。单击鼠标右键，打开快捷菜单，选择"变形"命令，显示变形网格，如图6-75所示。拖曳锚点扭曲文字，使图案符合帽子的形状，如图6-76所示，按Enter键确认，如图6-77所示。

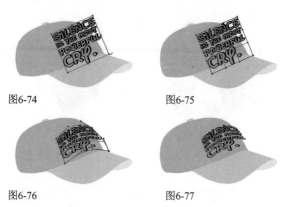

图6-74　　　　　　　　　　图6-75

图6-76　　　　　　　　　　图6-77

06 按Alt+Ctrl+G快捷键，创建剪贴蒙版，将文字的显示范围控制在帽子内部，如图6-78和图6-79所示。

图6-78　　　　　　　　　　图6-79

07 用钢笔工具 ✍ 在帽子上绘制一条路径，如图6-80所示。选择画笔工具 ✏（柔边圆2像素）。将前景色设置为深蓝色，单击"路径"面板底部的 ○ 按钮，用画笔描边路径，如图6-81所示。

图6-80　　　　　　　　　　图6-81

08 设置画笔工具 ✏ 的"大小"为150像素，"不透明度"为50%。新建一个图层，设置混合模式为"柔光"，"不透明度"为60%，按Alt+Ctrl+G快捷键，将其加入剪贴蒙版组中，如图6-82所示。用黑色绘制帽子的暗部区域，用白色表现亮部区域，如图6-83所示。

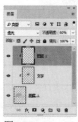

图6-82　　　　　　　　　　图6-83

09 新建一个图层，按Alt+Ctrl+G快捷键，将其加入剪贴蒙版组中。选择油漆桶工具 ◇，在工具选项栏中选取"图案"选项，单击 按钮，打开"图案"下拉

面板，再单击 ⚙ 按钮，打开面板菜单，选择"图案"命令，加载该图案库，然后选择"金属画"图案，如图6-84所示。在画面中单击鼠标，填充该图案，如图6-85所示。

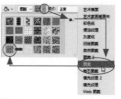

图6-84　　　　　　　　　　图6-85

10 设置该图层的混合模式为"划分"，"不透明度"为22%，让图案混合到下面图层的颜色里，生成类似于毛毡状的絮状纹理。将其拖曳到"文字"图层下方，如图6-86和图6-87所示。

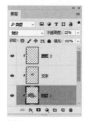

图6-86　　　　　　　　　　图6-87

11 新建一个图层。将前景色设置为粉色。选择椭圆工具 ○，在工具选项栏中选取"像素"选项。按住Shift键绘制圆形，如图6-88所示。双击该图层，打开"图层样式"对话框，在左侧列表中选取"斜面和浮雕"效果，设置参数，如图6-89所示。在左侧列表中选取"投影"效果，并设置参数，如图6-90所示，制作出有立体感的徽章。将文字素材拖到徽章上，调整大小，制作成图6-91所示的效果。

图6-88　　　　　　　　　　图6-89

图6-90　　　　　　　　　　图6-91

6.5 绘制皮草披肩

本实例制作一个款式精致的皮草披肩。皮毛效果用"沙丘草"笔尖来表现，通过调整"形状动态"和"散布"参数，让毛发分散开。皮毛颜色为紫色，以体现高贵、神秘的寓意和贵族气息。为了让毛色的深浅呈现变化效果，还需对"形状动态"参数做出调整。

图6-94　　　　　图6-95

图6-96　　　　图6-97　　　　图6-98

01 按Ctrl+N快捷键，创建一个21厘米×29.7厘米、分辨率为96像素/英寸的RGB模式文件。选择画笔工具 ✐。首先来设置一款可以绘制出皮毛效果的笔尖。在"画笔设置"面板中选择"沙丘草"笔尖，设置参数，如图6-92~图6-95所示。

02 将前景色设置为紫色（R：145，G：12，B：120），背景色设置为深紫色（R：22，G：15，B：22）。新建一个图层。先用画笔工具 ✐ 绘制出皮草轮廓，如图6-96所示，然后将其填满，如图6-97所示，之后再用橡皮擦工具 ✐（柔角30像素笔尖）将边缘修得整齐一些，如图6-98所示。

03 在当前图层下方新建一个图层。选择多边形套索工具 ✐，在工具选项栏中设置"羽化"为1像素，绘制披肩轮廓。按Ctrl+Delete快捷键填充背景色，如图6-99所示。按住Ctrl键单击"图层1"，按Alt+Ctrl+E快捷键执行盖印操作。使用"编辑"｜"变换"｜"水平翻转"命令翻转图像。使用移动工具 ✛ 将其向右移动，如图6-100所示。用同样的方法制作披肩后面的部分，颜色要略深一些，如图6-101所示。

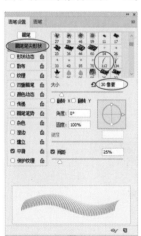

图6-92　　　　　图6-93

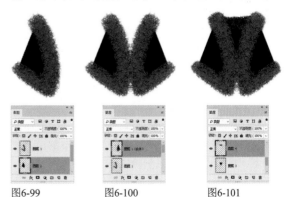

图6-99　　　　图6-100　　　　图6-101

6.6 绘制珍珠

珍珠产自珍珠贝类和珠母贝类软体动物体内，是一种古老的有机宝石，也可入药和食用。珍珠色泽温润细腻，自然形态优美。迎着光线看，可以看到七彩虹光，层次丰富变幻，以及如金属质感的球面。本实例使用渐变工具和绘画工具绘制珍珠。

01 创建一个21厘米×29.7厘米、分辨率为300像素/英寸的RGB模式文件。选择椭圆工具 ◯ ，在工具选项栏中选取"形状"选项，在画布上单击鼠标，弹出"创建椭圆"对话框，创建一个圆形，如图6-102和图6-103所示。

图6-102　　　　　图6-103

02 将这个圆形的填充内容设置为"径向渐变"，无描边，如图6-104和图6-105所示。

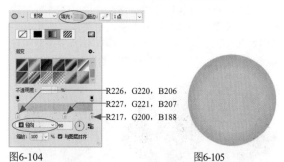

R226, G220, B206
R227, G221, B207
R217, G200, B188

图6-104　　　　　　　　　　图6-105

03 新建一个图层，按Shift+Ctrl+G快捷键，将它与下方的形状图层创建为一个剪贴蒙版组，如图6-106所示。这样可以将接下来的绘画效果限定在珍珠内部，就是说，即使画到珍珠外边也不要紧，因为会被蒙版剪贴（即隐藏）。将前景色设置为白色，选择画笔工具 ✎ 及柔边圆笔尖，如图6-107所示。绘制

珍珠上的高光区域，如图6-108和图6-109所示。

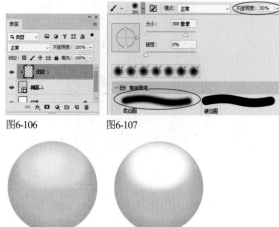

图6-106　　　　　图6-107

图6-108　　　　　图6-109

04 新建一个图层。按Shift+Ctrl+G快捷键加入剪贴蒙版组中。调整前景色，如图6-110所示。画出明暗交界线，如图6-111所示。按0键，将画笔的"不透明度"调整为100%，画出最深的颜色，如图6-112所示。在工具选项栏中将"不透明度"调整为2%，在高光外侧描绘一圈过渡颜色，如图6-113所示。

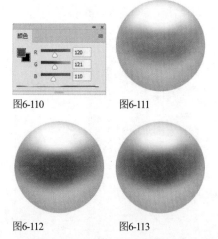

图6-110　　　　　图6-111

图6-112　　　　　图6-113

05 新建一个图层，按Shift+Ctrl+G快捷键，将它加入剪贴蒙版组中。调整前景色，如图6-114所示。在明暗交界线下方绘制颜色，如图6-115所示。

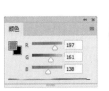

图6-114　　　　　图6-115

06 新建一个图层，按Shift+Ctrl+G快捷键加入剪贴蒙版组中，如图6-116所示。调整前景色，如图6-117所示。在珍珠最下方的边界处绘制颜色，如图6-118所示。

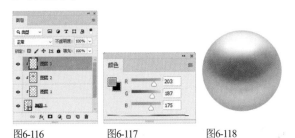

图6-116　　　图6-117　　　图6-118

07 新建一个图层，按Shift+Ctrl+G快捷键加入剪贴蒙版组。将前景色设置为白色。按 [键和] 键，将笔尖调整到合适大小。绘制珍珠上的高光点。珍珠是一种温润的珠宝，它的表面虽然光滑，但接收光线以后产生的是漫反射，因此即使最亮的高光点，也不会生成刺眼的反射光，所以要控制好纯白色的范围，

不要过大，如图6-119和图6-120所示。

图6-119　　　　　图6-120

08 新建一个图层，按Shift+Ctrl+G快捷键加入剪贴蒙版组。将前景色设置为铅灰色，工具的"不透明度"设置为3%，在珍珠边界涂抹，罩上一层淡淡的铅色。将前景色设置为白色，将高光区域扩大一些，如图6-121所示。

09 在"背景"图层上方创建一个图层。使用灰色绘制投影，如图6-122所示。如果投影形状没画好，可以用橡皮擦工具 ✎ 修改一下。

图6-121　　　　　　　图6-122

6.7　制作时装眼镜

本实例制作一款彩色条纹边框眼镜。镜框颜色为粉、黄、白相间，充分体现了与众不同的个性魅力和年轻时尚的潮流趋势。在技巧方面，主要使用了剪贴蒙版和图层样式。

01 按Ctrl+N快捷键，创建一个29.7厘米×21厘米、分辨率为150像素/英寸的RGB模式文件。选择钢笔工具 ✎ 及"形状"选项，绘制眼镜。所绘制的路径

会出现在形状图层上，如图6-123和图6-124所示。

图6-123　　　　　　图6-124

02 绘制镜片，如图6-125所示。在工具选项栏中选择"减去顶层形状"命令，生成挖空效果，如图6-126和图6-127所示。绘制另一侧镜片，如图6-128所示。

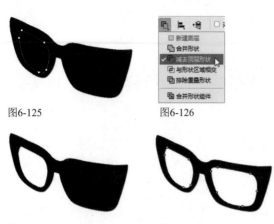

图6-125　　　　　　图6-126

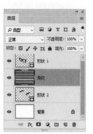

图6-135　　　　　图6-136

按下Ctrl+E快捷键合并，之后修改名称为"条纹"，如图6-136所示。

图6-127　　　　　　图6-128

03 在工具选项栏中选择"新建图层"命令，绘制左侧眼镜腿，它会位于一个新的形状图层（形状2）中。再选择"合并形状"命令，绘制另一侧眼镜腿，如图6-129所示，这样这两个眼镜腿就都位于"形状2"图层中了。将该图层拖曳到"形状1"图层的下方，如图6-130所示。

图6-129　　　　　　图6-130

07 按Alt+Ctrl+G快捷键创建剪贴蒙版，让彩虹渐变只在眼镜腿内部显示。按Ctrl+T快捷键显示定界框，拖曳控制点旋转渐变，使条纹与眼镜腿的方向一致，如图6-137所示。新建一个图层，填充粉色，设置混合模式为"变亮"，从而改变条纹颜色，如图6-138所示。

图6-137　　　　　　　　　图6-138

04 新建一个图层。选择渐变工具，单击对称渐变按钮，在"渐变"下拉面板中选择"透明彩虹渐变"，如图6-131所示。按住Shift键拖曳鼠标填充渐变，如图6-132所示。

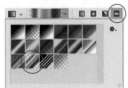

图6-131　　　　　　图6-132

08 按住Ctrl键单击"条纹"图层，将其与"颜色"图层同时选取，按住Alt键向上拖曳，进行复制（到达"形状1"图层上方时放开鼠标按键）。按住Alt+Ctrl+G快捷键，创建剪贴蒙版，如图6-139所示。按Ctrl+T快捷键显示定界框，拖曳控制点调整条纹角度，如图6-140所示。操作完成后，按Enter键进行确认。

05 选择移动工具，按住Alt键向下拖曳渐变条纹，进行复制，如图6-133和图6-134所示。

图6-133　　　　　　图6-134

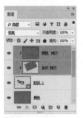

图6-139　　　　　　图6-140

06 按住Shift键单击"图层1"，通过这种方法将所有的彩虹渐变图层同时选取，如图6-135所示，

09 双击"形状1"图层，打开"图层样式"对话框，添加"斜面和浮雕"效果，如图6-141所示。在左侧列表中选择"描边"效果，在"填充类型"下拉列表中选择"渐变"选项，单击按钮，打开"渐变"下拉面板，选择"橙黄橙渐变"选项，如图6-142和图6-143所示。关闭对话框。

图6-141　　　　　图6-142

图6-143

10 按住Alt键，将"形状1"图层右侧的 *fx* 图标拖曳给"形状2"图层，如图6-144所示，为该图层复制相同的效果，如图6-145所示。

图6-144　　　　　图6-145

11 在"形状1"图层的下方新建一个图层，如图6-146所示。选择魔棒工具，按住Shift键在眼镜片上单击，将两个镜片选取，使用渐变工具填充线性渐变，如图6-147所示。按Ctrl+D快捷键取消选择。

图6-146　　　　　图6-147

12 新建一个图层。使用椭圆选框工具在镜片处创建选区，如图6-148所示。按住Alt键再创建一个选区，如图6-149所示，放开鼠标按键后，两个选区会进行相减运算，进而得到一个月牙状选区，如图6-150所示。

图6-148　　　图6-149　　　图6-150

13 填充白色，使之成为镜片的高光。降低图层的不透明度，如图6-151所示。使用移动工具按住Alt键拖曳它，将其复制到另一个眼镜片上，如图6-152所示。

图6-151　　　　　图6-152

14 新建一个图层。按Alt+Shift+[快捷键将其移至"背景"图层上方，如图6-153所示。调整前景色，如图6-154所示。选择画笔工具及柔边圆笔尖，调整"角度"和"圆度"，将笔尖调扁且与眼镜的倾斜角度一致，如图6-155所示。绘制眼镜投影，如图6-156所示。该图层上方有一个填充了粉色的"变亮"模式图层，因此，投影也会受到其影响。这样投影中既有眼镜片的紫色反光，也混合了眼镜框的颜色（粉色），效果就更加真实。

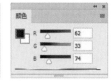

图6-153　　　图6-154

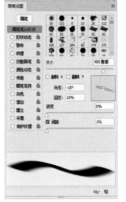

图6-155　　　　　图6-156

15 按数字键2，将工具的"不透明度"设置为20%。调整笔尖参数，如图6-157所示。在眼镜腿下方绘制投影，如图6-158所示。

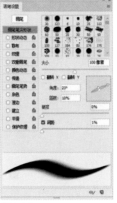

图6-157　　　　　图6-158

133

6.8 制作皮革质感女士钱包

本实例设计一款时尚的女士钱包。钱包为桃红色系，代表着甜美、温柔和纯真。图案为斑马纹理，并有压印文字作为装饰。

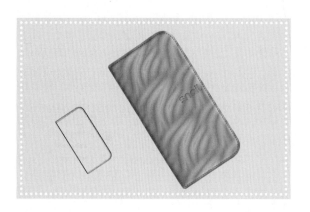

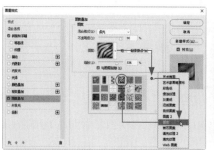

图6-163 图6-164

01 按Ctrl+N快捷键，创建一个21厘米×29.7厘米、分辨率为150像素/英寸的RGB模式文件。新建一个路径层，选择钢笔工具 ⬦ 及"路径"选项，绘制钱包，如图6-159所示。

04 用钢笔工具 ⬦ 绘制钱包的缝纫线，如图6-165所示。选择画笔工具 ✏ 及"柔边椭圆11"笔尖，设置参数，如图6-166和图6-167所示。新建一个图层。将前景色设置为深红色。单击"路径"面板底部的 ◯ 按钮，用画笔描边路径，如图6-168所示。

02 按Ctrl+Enter键，将路径转换为选区。新建一个图层。选择渐变工具 ▬，单击工具选项栏中的 ▬ 按钮，打开"渐变编辑器"设置渐变颜色，如图6-160所示。在选区内填充线性渐变，如图6-161所示。按Ctrl+D快捷键取消选择。

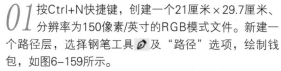

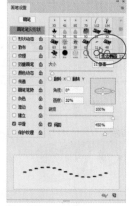

图6-165 图6-166

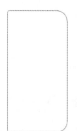

图6-159 图6-160 图6-161

03 双击该图层，打开"图层样式"对话框，添加"斜面和浮雕"效果，如图6-162所示，使钱包呈现立体效果。在左侧列表中选择"图案叠加"效果，打开"图案"下拉面板菜单，选择"图案"命令，加载该图案库，然后选取"斑马"图案，为钱包添加该纹理，如图6-163和图6-164所示。

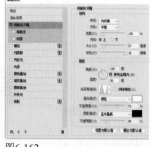

图6-162

图6-167 图6-168

05 选择横排文字工具 **T**，在画面中单击并输入文字。按Ctrl+A快捷键选取文字，在"字符"面板中设置字体及大小，如图6-169和图6-170所示。

图6-169

图6-170

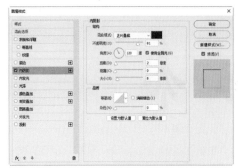

图6-171

06 双击文字图层，打开"图层样式"对话框，添加"内阴影"效果，如6-171所示。将文字图层的填充不透明度设置为0%，如图6-172所示，使文字看上去像是压印在钱包上，如图6-173所示。

图6-172

图6-173

6.9 制作铂金耳环

本实例制作一款华丽的铂金耳环。耳环是一个抽象的鱼形造型，体现了高尚的生活品位，加之铂金的色泽干净、晶莹，有着天然纯白的光泽，能更好地表现永恒不变的特质。本实例用图层样式制作铂金质感，这里"光泽"效果最关键，需要使用一种W形的等高线，用以刻画光泽轮廓。

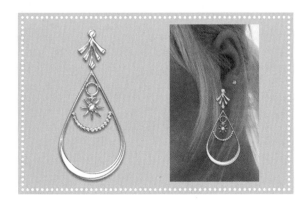

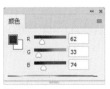

图6-174

图6-175

01 按Ctrl+N快捷键，创建一个7厘米×14厘米、分辨率为150像素/英寸的RGB模式文件。

02 新建一个图层。调整前景色，如图6-174所示。选择自定形状工具 ❖，在工具选项栏中选取"形状"选项，打开"形状"下拉面板，选取并绘制图6-175所示的图形。绘制图形时，为了保持比例不变，需要按住Shift键操作。

提示 *Point*

如果"形状"下拉面板中没有相应的图形，可以单击面板右上角的 ⚙ 按钮，打开下拉菜单，选择"全部"命令，加载所有图形。

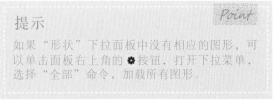

03 按Ctrl+T快捷键显示定界框，将光标放在定界框右上角，如图6-176所示，按住Shift键单击并拖

曳鼠标，将图形旋转90度，如图6-177所示。按Enter键确认。

图6-176　　　　图6-177

04 用自定形状工具 ✿ 绘制雨滴状图形，如图6-178所示。按住Ctrl键单击该形状图层的缩览图，将雨滴图形的选区加载到画面上，如图6-179所示。

图6-178　　　　　　　　图6-179

05 下面将雨滴内部挖空，只留轮廓线。执行"选择"|"变换选区"命令，显示定界框，如图6-180所示，按住Shift+Alt快捷键拖曳右上角的控制点，以参考点为基准，将选区向内收缩，如图6-181所示，按几下↑键，将选区向上移动一点，如图6-182所示。按Enter键确认，如图6-183所示。

图6-180　　图6-181　　图6-182　　图6-183

06 按住Alt键，单击"图层"面板底部的 ■ 按钮，创建一个反向的蒙版，将选区内的图形隐藏起来，如图6-184所示。

图6-184

07 新建一个图层。选择椭圆工具 ○，在工具选项栏中选取"形状"选项，设置描边颜色（R62，G33，B74），描边宽度为8点。单击 ✓ 按钮，打开下拉面板，选择虚线描边，然后单击"更多选项"按钮，在填充的对话框中修改虚线图形的间距（"间隙"为1.1），如图6-185所示。按住Shift键拖曳鼠标，创建一个用虚线描边的圆形，如图6-186所示。注意要将圆点与雨滴轮廓的位置对齐，如图6-187所示

示。使用多边形套索工具 ⚘ 将多余的圆点选取（即图6-187所示两个箭头上方的圆点），如图6-188所示。按住Alt键单击"图层"面板底部的 ■ 按钮，通过蒙版将选中的圆点隐藏，如图6-189所示。

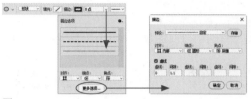

图6-185

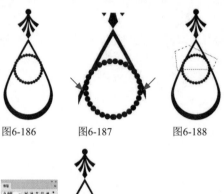

图6-186　　　　图6-187　　　　图6-188

图6-189

08 新建一个图层。选择自定形状工具 ✿，在工具选项栏中设置填充颜色为（R：62，G：33，B：74），无描边。创建图6-190所示的图形。在它下方绘制图6-191所示的图形。

图6-190

图6-191

09 按住Shift键单击"形状1"图层，将这几个图层同时选取，如图6-192所示。按Ctrl+G快捷键编

入一个图层组中，如图6-193所示。双击该图层组，如图6-194所示，打开"图层样式"对话框。

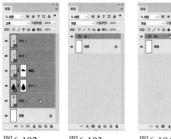

图6-192　　图6-193　　图6-194

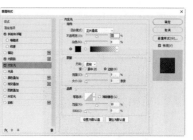

图6-197

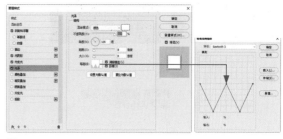

图6-198

10 分别添加"斜面和浮雕""内阴影""内发光""光泽""投影"效果，如图6-195~图6-199所示，制作出白金质感的特效，如图6-200所示。在添加"光泽"效果时，需要单击"等高线"缩览图，打开"等高线编辑器"，将等高线调整为W形。"光泽"效果可以生成光滑的内部阴影，适合模拟光滑度和反射度较高的金属表面、瓷砖表面等。等高线的用处是可以改变光泽的形状。

图6-195

图6-196

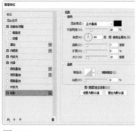

图6-199

图6-200

6.10 制作金镶玉项链

2008年北京奥运会奖牌采用的是金镶玉式样，创意十分新颖。本实例也借用"金玉良缘"这个吉祥的寓意，制作一款太极图案的沙金项链，并在镂空处镶嵌祖母绿翡翠。这两种材质的差别主要体现在颜色（金黄玉翠）、质感（金硬玉软）和纹理（金清晰玉柔润）方面，效果制作也将围绕这3个关键点展开。需要说明的是，制作沙金纹理时会用到"云彩"滤镜，由于它有很强的随机性，因此，每个人制作的纹理有差别也在所难免。

01 创建一个29.7厘米×21厘米、分辨率为150像素/英寸的RGB模式文件。执行"滤镜"|"渲染"|"云彩"命令，生成云彩状纹理，如图6-201所示。执行"滤镜"|"渲染"|"分层云彩"命令，增强纹理细节，如图6-202所示。

02 下面来为纹理着色。单击"调整"面板中的 ■ 按钮，创建"渐变映射"调整图层。单击"属性"面板中的 ■■■ 按钮，如图6-203所示，打开"渐变编辑器"，调整渐变颜色，如图6-204和图

6-205所示。按Ctrl+E快捷键，将调整图层与下方的图层合并，如图6-206所示。

图6-201

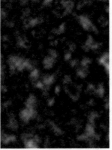
图6-202

图6-203

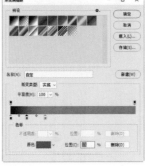
图6-204

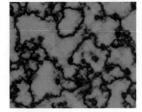
图6-205

图6-206

03 执行"编辑"|"定义图案"命令，将云彩纹理定义为图案，如图6-207所示。按Ctrl+Delete键，将背景填充为白色。

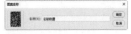
图6-207

04 新建一个图层。选择自定形状工具 🖎，在工具选项栏中选取"像素"选项，在"形状"下拉面板中选择"阴阳符号"形状，如图6-208所示，按住Shift键（可以让图形保持原有的比例）拖曳鼠标，创建图形，如图6-209所示。

图6-208

图6-209

05 双击该图层，打开"图层样式"对话框，添加"颜色叠加"效果。单击混合模式右侧的颜色块，打开"拾色器"修改颜色（R：152，G：100，B：0），如图6-210所示。继续添加"图案叠加"效果，单击🔽按钮，打开下拉面板，选择前面定义的"云彩纹理"图案，并设置参数，如图6-211所示。

图6-210

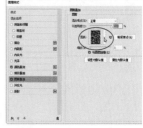
图6-211

06 添加"斜面和浮雕"效果，并调整"等高线"和"纹理"（在"图案"下拉面板中选取"云彩纹理"图案），表现出金属的质感、纹理与光泽，如图6-212~图6-215所示。

图6-212

图6-213

图6-214

图6-215

07 添加"内阴影"效果，在等高线缩览图上单击，打开"等高线编辑器"，在等高线上单击，添加控制点，然后拖曳控制点进行调整，如图6-216所示。

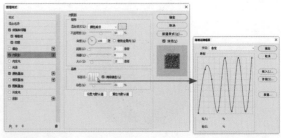
图6-216

08 继续添加"内发光"效果，如图6-217和图6-218所示。

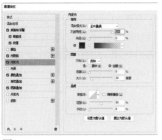

图6-217　　　　　　　　图6-218

09 下面制作翡翠玉石。选择魔棒工具，在工具选项栏中设置容差为30，按住Shift键单击图形中白色的区域，将其选取，如图6-219所示。新建一个图层。将前景色设置为绿色（R：70，G：237，B：28），按Alt+Delete快捷键填色。按Ctrl+D快捷键取消选择，如图6-220所示。

图6-219　　　　　　　　图6-220

10 双击该图层，打开"图层样式"对话框，添加"斜面和浮雕"（调整"等高线"）"内阴影""内发光"效果，如图6-221~图6-224所示。

图6-221　　　　　　　　图6-222

图6-223　　　　　　　　图6-224

11 为了让玉石的质感更加真实，还需要增加更多细节，在效果中加入云絮状纹理，就是一个非

常好的办法。操作方法是添加"图案叠加"效果，然后在"图案"下拉面板中单击按钮，打开面板菜单，选择"图案"命令，加载该图库，选择其中的"云彩"图案即可，如图6-225和图6-226所示。

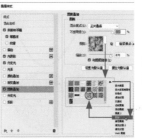

图6-225　　　　　　　　图6-226

12 打开"样式"面板。单击面板底部的按钮，弹出"新建样式"对话框，为样式命名，如图6-227所示，单击"确定"按钮，将翡翠玉石效果创建为样式，保存到"样式"面板中，如图6-228所示。制作下一个实例"翡翠戒指"时会用到它。

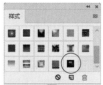

图6-227　　　　　　　　图6-228

13 使用自定形状工具创建圆环图形，如图6-229所示。将光标放在"图层1"的效果图标上，单击鼠标右键，打开菜单，选择"拷贝图层样式"命令，如图6-230所示，复制效果。在圆环所在的形状图层上单击鼠标右键，打开菜单，选择"粘贴图层样式"命令，如图6-231所示，为圆环粘贴效果。

图6-229

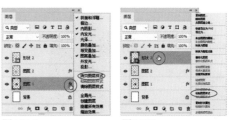

图6-230　　　　　　　　图6-231

14 选择钢笔工具及"路径"选项，绘制项链，如图6-232所示。选择画笔工具并设置参数，如图6-233所示。在"图层1"下方新建一个图层。单击"路径"面板底部的按钮，用画笔描边路

径，如图6-234所示。

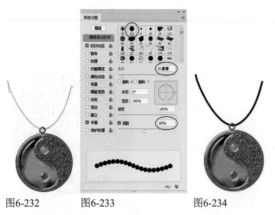

图6-232　　　图6-233　　　　　　图6-234

15 在该图层上单击鼠标右键，打开菜单，选择"粘贴图层样式"命令，粘贴效果，如图6-235和图6-236所示。

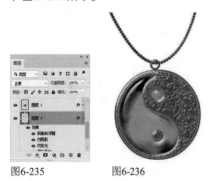

图6-235　　　　图6-236

16 单击圆环所在的形状图层，单击"图层"面板底部的 ◻ 按钮，为它添加蒙版，如图6-237所示。将前景色设置为黑色。用画笔工具 ✏ 在项链与圆环嵌套的位置单击，通过蒙版将此处的圆环遮盖住，让项链显示出来，就可以表现出项链穿过圆环的效果。图6-238所示为之前的效果，图6-239所示为修改后的效果。图6-240所示为整体效果。

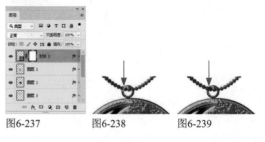

图6-237　　　图6-238　　　图6-239

图6-240

6.11　制作翡翠戒指

本实例制作一款典雅的翡翠戒指。祖母绿宝石镶嵌在晶莹的钻石中，风格简洁、经典，而不失大气。

01 创建一个29.7厘米×21厘米、分辨率为150像素/英寸的文件。将前景色设置为浅灰色（R：236，

G：232，B：238）。新建一个图层，选取椭圆工具 ⬭ 及"像素"选项，绘制一个椭圆形，如图6-241所示。

图6-241

02 双击该图层，在打开的"图层样式"对话框，添加"斜面和浮雕""内发光""图案叠加""投影"效果，如图6-242~图6-247所示。

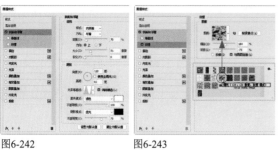

图6-242　　　　　　图6-243

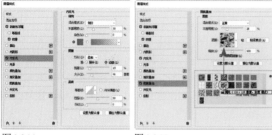

图6-244　　　　　　图6-245

图6-246　　　　　　图6-247

03 新建一个图层（"图层2"），在戒指两边绘制两个灰色的椭圆形，如图6-248所示。按住Alt键，将"图层1"右侧的 *fx* 图标拖曳到"图层2"，为它复制图层样式，如图6-249和图6-250所示。

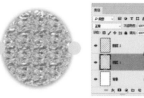

图6-248　　　　　图6-249　　　　　图6-250

04 新建一个图层。将前景色设置为绿色（R：70，G：237，B：28），用椭圆工具 ⬭ 绘制一个椭圆形，如图6-251所示。单击"样式"面板中的"翡翠"样式，如图6-252所示（这是前面制作项链实例时保存的样式），将其应用到当前图层，制作出翡翠玉石效果，如图6-253所示。

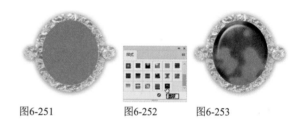

图6-251　　　　　图6-252　　　　　图6-253

6.12　制作钻石胸针

胸针是女性常用的装饰品之一，质地多为银制或白金，镶以钻石或其他宝石，将其别在衣襟上，彰显自己的品位与气质。本实例制作一款嵌满钻石的华丽胸针。钻石采用的是将图像定义为笔尖、再用画笔工具绘制的方法表现出来的。

01 创建一个21厘米×29.7厘米、分辨率为72像素/英寸的RGB模式文件。新建一个图层。将前景色设置为粉色（R：255，G：157，B：162）。

02 选择自定形状工具 ✿ 及"像素"选项。在"形状"下拉面板中选择"高音谱号"图形，如图6-254所示，按住Shift键拖曳鼠标，绘制图形，如图6-255所示。

图6-254　　　　　　　　　　图6-255

03 双击"图层1"，打开"图层样式"对话框，添加"斜面和浮雕""内阴影""光泽""外发光""投影"效果，如图6-256~图6-261所示。

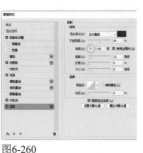

图6-260　　　　　　　　　　图6-261

04 打开素材，如图6-262所示。执行"编辑"|"定义画笔预设"命令，将当前素材定义为画笔。将前景色设置为白色。新建一个图层。选择画笔工具 及新定义的笔尖，在胸针上绘制出钻石，效果如图6-263所示。

图6-256　　　　　　　　　　图6-257

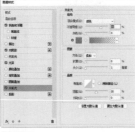

图6-258　　　　　　　　　　图6-259

图6-262　　　　　　　　　　图6-263

6.13　制作蝴蝶结

本实例使用Illustrator中的"封套扭曲"功能扭曲图像，制作具有立体感的蝴蝶结（需要安装Illustrator才能完成本实例的制作）。"封套扭曲"是一种变形功能，它能让对象在封套形状内产生变形效果。与Photoshop的变形功能，如变形网格单纯的扭曲效果相比，"封套扭曲"的最大特点是可以生成类似3D效果的扭曲。例如，用一个圆扭曲图像，其效果就像是图像包裹在球体表面一样。

01 运行Illustrator。按Ctrl+N快捷键，创建一个空白文档。

02 使用钢笔工具 绘制一个图形，如图6-264所示。这是蝴蝶结的一部分，即一半图形。保持图形的选取状态（即图形周围有定界框），如图6-265所示。选择镜像工具 ，将光标放在图形右侧，如图6-266所示，按住Alt键单击鼠标，打开"镜像"对话框，选择"垂直"选项，如图6-267所示，单击"复制"按钮，以单击点为基准，在对称位置上复制一个图形，如图6-268所示。

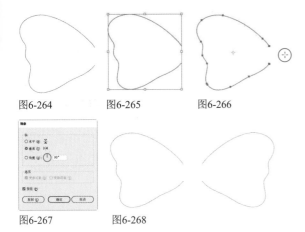

图6-264　　　　图6-265　　　　图6-266

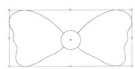

图6-267　　　　图6-268

03 使用椭圆工具 ⬭ 创建椭圆形，如图6-269所示。按Ctrl+A快捷键选取所有图形，如图6-270所示，单击"路径查找器"面板中的联集按钮 ▣，将它们合并为一个图形，如图6-271和图6-272所示。按Ctrl+C快捷键复制，后面会用它做其他效果。

图6-269　　　　　　　图6-270

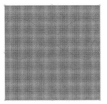

图6-271　　　　　　图6-272

04 执行"文件"|"置入"命令，打开"置入"对话框，选择面料素材，取消对"链接"选项的选取，如图6-273所示，单击"置入"按钮，将图像嵌入当前文档。在画布上单击并拖曳鼠标，定义图像范围，大小以能够覆盖住蝴蝶结为准。

05 执行"对象"|"排列"|"置于底层"命令，将图像调整到最下方，蝴蝶结图形会调整到上方。按Ctrl+A快捷键全选，如图6-274所示，执行"对象"|"封套扭曲"|"用顶层对象建立"命令，创建封套扭曲，如图6-275所示。如果图像没有被封套图形扭曲，可以执行"对象"|"封套扭曲"|"封套选项"命令，在打开的对话框中选取"扭曲外观"和"扭曲图案填充"选项即可，如图6-276所示。

图6-273　　　　　　图6-274

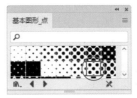

图6-275　　　　　　图6-276

06 Illustrator提供了很多图案，可用作蝴蝶结的面料。例如，可以使用矩形工具 ▣ 创建一个矩形。执行"窗口"|"色板库"|"图案"|"基本图形"|"基本图形_点"命令，打开该面板，单击图6-277所示的圆点图案，为矩形填充该图案，如图6-278所示。

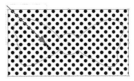

图6-277　　　　　　图6-278

07 按Ctrl+V快捷键粘贴蝴蝶结图形，将它移动到图案上。单击并拖曳出一个选框，选取蝴蝶结和下方的图案，如图6-279所示，使用"对象"|"封套扭曲"|"用顶层对象建立"命令创建封套扭曲，如图6-280所示。

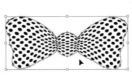
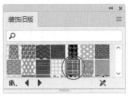

图6-279　　　　　　图6-280

08 这里有一个可以快速更换图案的技巧。即使用选择工具 ▶ 单击蝴蝶结，将它选取，如图6-281所示，执行"对象"|"封套扭曲"|"编辑内容"命令，然后单击其他图案，即可替换原有图案。图6-282所示使用的是"装饰旧版"图案库中的图案。图6-283~图6-286所示为其他图案效果。

图6-281　　　　　　图6-282

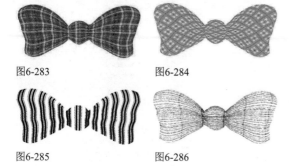

图6-283　　　　　　图6-284

图6-285　　　　　　图6-286

6.14　制作3D发饰

本实例使用Photoshop的3D功能制作一个礼帽形状的发饰，作为盘发或发髻的装饰品。为体现英式贵族风格和优雅的气质，需要对模型的材质进行修改，即重新为其应用一种图案，并且还要绘制一个绒球蝴蝶结。

01 创建一个21厘米×29.7厘米、分辨率为150像素/英寸的RGB模式文件。新建一个图层。执行"3D"|"从图层新建网格"|"网格预设"|"帽子"命令，生成3D模型，如图6-287所示。在工具选项栏中选取旋转3D对象工具，在3D空间里单击并拖曳鼠标，调整3D相机的位置，如图6-288所示。

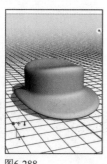

图6-287　　　　　　图6-288

02 单击"3D"面板中的"无限光"条目，如图6-289所示，在"属性"面板中将阴影的"柔和度"设置为50%，如图6-290和图6-291所示。

图6-289　　　　　　图6-290

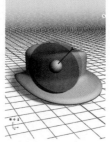

图6-291

03 单击"3D"面板中的"帽子材质"，如图6-292所示，然后单击"属性"面板中的按钮，打开下拉菜单，选择"编辑纹理"命令，如图6-293所示。此时会弹出纹理文件，如图6-294所示。选择油漆桶工具，在工具选项栏中选取"图案"选项，单击按钮，打开下拉面板，选择"嵌套方块"图

案，如图6-295所示。

图6-292　　　　　　图6-293

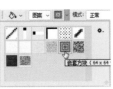

图6-294　　　　　　图6-295

04 在该文档中单击鼠标填充图案，如图6-296所示。关闭该文档，会弹出一个对话框，单击"是"按钮，修改后的纹理会应用到模型上，如图6-297所示。

图6-296　　　　　　图6-297

05 单击"3D"面板底部的 ▣ 按钮，渲染模型，效果如图6-298所示。

图6-298

06 单击"调整"面板中的 ▦ 按钮，创建"曲线"调整图层，将曲线调整为S形，增加对比度，如图6-299和图6-300所示。

图6-299　　　　　　图6-300

07 选取钢笔工具 ✐ 及"路径"选项，绘制绒球蝴蝶结。将前景色设置为黑色，单击"路径"面板底部的 ● 按钮，填充黑色，如图6-301所示。选择画笔工具 ✎，在绒球亮部区域绘制紫红色，在阴影区域绘制黑色，如图6-302所示。

08 新建一个图层。按Ctrl+[快捷键，将其向下移动，调整堆叠顺序，即调整到绒球蝴蝶结所在图层的下方。绘制绒球投影，如图6-303所示。

图6-301

图6-302

图6-303

第7章 时装画的风格表现

7.1 时装画的人体比例关系

时装画是以绘画为手段，通过艺术处理来体现服装设计的造型和整体风格。时装画的核心是人物形象。只有正确把握人体的比例和结构，才能创作出好的设计作品。

7.1.1 女性人体比例

　　时装绘画是一种夸张的艺术。正常的人体身高一般在7~7.5个头长，而出于视觉审美需要，时装绘画人体的身高可以达到8~10个头长，如图7-1所示。这是因为，在时装画中，人物模特的形体被理想化了，以便更好地展现服装的特点。

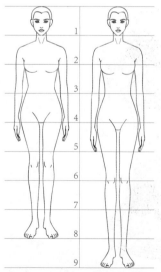

真实人体（左）与时装画人体（右）比例的差异
图7-1

　　女性人体的基本特征是骨架、骨节比男性小，脂肪发达，体形丰满，外轮廓线呈圆润柔顺的弧线。女性头部及前额外形较圆，颈部细长。腰部两侧向内

收，且具有柔顺的曲线特征，乳房突起，呈圆锥形，臀部丰满低垂。另外，女性人体较男性人体窄，手和脚也较小，如图7-2所示。

7.1.2 男性人体比例

　　男性人体的基本特征是骨架、骨骼较大，肌肉发达突出，外轮廓线垂直，头部骨骼方正、突出，前额方而平直，颈粗。肩宽一般为两个头长多一些，胸腔呈明显的倒梯形，胸部肌肉丰满而平实，两乳间距为一个头长。腰部两侧的外轮廓线短而平直，腰部宽度略小于一个头长。盆腔较狭窄，手和脚较女性偏大。整个躯干为倒梯形，如图7-3所示。

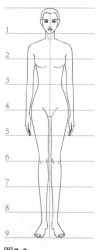

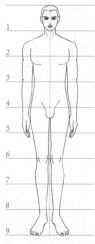

图7-2　　　　　　　　　图7-3

提示 *Point*

列奥纳多·达·芬奇根据古罗马建筑师维特鲁威的比例学说，亲手绘制出"维特鲁威人"这一完美的人体。其尺寸安排为：4指为一掌，4掌为一足，6掌为一腕尺，4腕尺为一人的身高，4腕尺又为一跨步，24掌为全身总长。如果叉开双腿，使身高降低1/14，分别举起双臂使中指指尖与头齐平，连接身体伸展四肢的末端，组成一个外接圆，肚脐恰好在整个圆的圆心处。两腿之间的空间构成一个等边三角形。

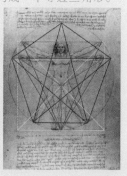

7.1.3 儿童比例

小孩子的成长时期大致分为5个年龄段，即婴儿期、幼童期、儿童期、少年期和青少年期。

婴儿期的特点是身高为3.5~4个头长，头大身小，体胖腿短。

幼童期（1~3岁）身高与体重增长较快，身高为75~100厘米，为4~4.5头长。体型特点是头大、颈短、肩窄、四肢短、凸肚，头、胸、腰和臀的体积大致相同。整个体型仍然很胖，但比婴儿时期腿略长一些。

儿童期（4~6岁）身高为5~5.5个头长。肩部开始发育，下半身长得较快，如图7-4所示。

少年期（7~12岁）的身高为115~145厘米，5.5~6个头长，如图7-5所示。在这个时期，腿和手臂都变长，肩、胸、腰、臀已经逐渐起了变化。男童的肩比女童的肩宽；女童的腰比男童的腰细，且身高普遍高于男童。此外，由于原有的婴儿脂肪逐渐消逝，从而显露出膝、肘等部位的骨骼，以及其他成人人体的特点。

青少年期（13~17岁）体型已逐步发育完善，男孩子的身高为7~8个头长，女孩子为6.5~7个头长。尤其是到了高中以后，在身材比例上已趋于成年人，骨骼上的变化亦很明显。

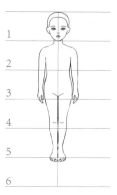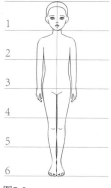

图7-4　　　　　　　图7-5

7.1.4 五官的基本比例

五官的比例为"三庭五眼"，如图7-6~图7-8所示。"三庭"即从发际线到眉毛最上端，眉毛到鼻底、鼻底到下巴分为三等分。"五眼"是指一只耳朵到另一只耳朵的距离大概相当于五只眼睛的长度。

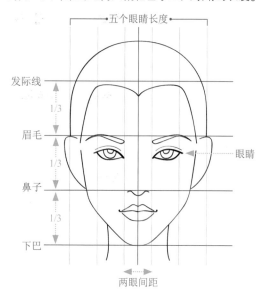

图7-6

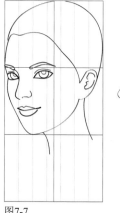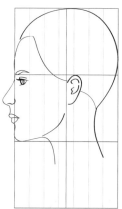

图7-7　　　　　　　图7-8

7.1.5 眼睛和眉毛

在服装设计中，模特的眼睛与眉毛的画法搭配能
够体现设计师的风格，表现人物的精神情感。

眼睛的主要结构包括眼眶、眼睑、眼球等。眉
毛分为两部分，眉头方向朝上，眉梢方向朝下，如图
7-9所示。眼睛的形状稍有变化、眉毛粗细的轻微差
异，都会产生截然不同的表情。眼睛部分的化妆也能
对不同的服装风格起到呼应或对比作用。

图7-9

7.1.6 鼻子和耳朵

绘制时装画时，鼻子和耳朵常常是被省略的部
位，即使绘出，也往往是最小限度地表现出来。表现
鼻梁部位的线条应当只出现在一侧，如图7-10所示。
耳朵只需确定其位置和大小，同时不要忘记画出耳垂
即可，如图7-11所示。

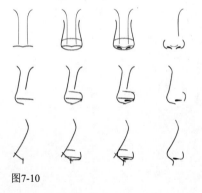

图7-10

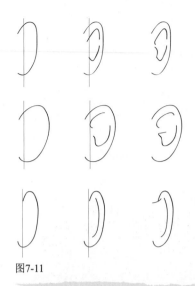

图7-11

7.1.7 嘴

嘴的结构由上嘴唇、下嘴唇、唇裂线、嘴角、
牙齿等构成。上嘴唇呈M形，下嘴唇呈W形，图
7-12所示为嘴唇不同角度的变化。男性嘴偏宽，女
性则偏丰厚。

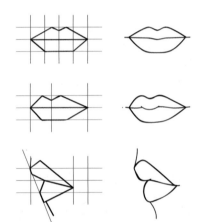

图7-12

嘴唇可以反映内心情感。例如，微张的嘴唇透
露出性感；嘴角下撇代表着忧郁；嘴角上扬象征着喜
悦；紧闭双唇则折射出愤怒，如图7-13所示。

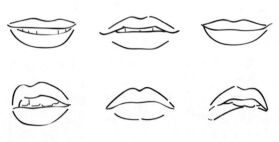

图7-13

7.1.8 发型变化

发型和脸型的合理搭配是时装画整体风格和整体样式的重要决定因素。发型可以为画面营造强烈的个人氛围，例如，刘海具有简洁的特点；脸庞周围出现一些锯齿形的碎发，可以使发型显得飘逸和动感。此外，发型也会随着流行趋势变化。例如，20世纪初吉布森女郎发型大为流行，20世纪30年代流行BOBO头，20世纪50年代流行娃娃头，如图7-14所示。图7-15所示为当前常见的发型样式。

吉布森女郎发型　　BOBO头　　　娃娃头
图7-14

图7-15

7.1.9 手的形态

"画人容易画手难"。手主要包括手指、手掌、手腕等部位。手的结构复杂，骨骼与肌肉数量较多，加之在透视中的变形，容易出现比身体其他部位更多的形态，使绘画表现具有一定的难度，如图7-16所示。绘画时可以将手进行几何化处理，简化为几个块

面，手掌是一个不规则的梯形，手指可以处理为一节一节的圆柱体，关节处以球体表现。

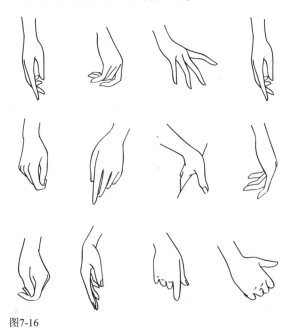

图7-16

7.1.10 手臂的形态

手臂位于身体的侧面，与时装的边线、剪影和立体轮廓关系密切，也是凸显模特姿势、造型的重要部位。时装画中的手臂、骨骼和肌肉会被拉长和简化，进行理想化的处理，如图7-17所示。

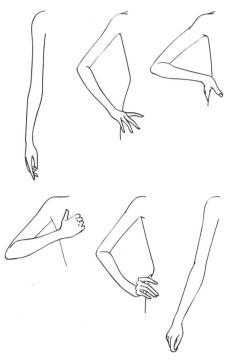

图7-17

7.1.11 腿

腿的结构由大腿、小腿和膝盖构成。在时装画中，为了使人物身材显得修长，往往有意拉长腿部，尤其是小腿。画腿时，还要注意腿的形状及弧度曲线，既要姿态优美，又要有一定的准确性，如图7-18所示。

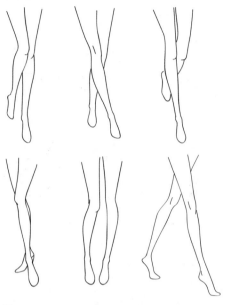

图7-18

腿部的动作能引起身体姿势的变化。腿也是支撑全身最有力的一个部位，因此，表现腿的线条要有力量感。

7.1.12 脚

在时装画中，很少出现赤脚的模特，脚往往以鞋的造型体现出来。例如，穿上平底鞋后，脚背、脚趾和脚后跟成为一体直线；穿高跟鞋时，脚后跟、脚背和脚趾的动作幅度会变大。虽然穿上鞋后，脚的形状会随着鞋的形状而改变，但在画鞋时仍需了解脚的结构，如图7-19所示。

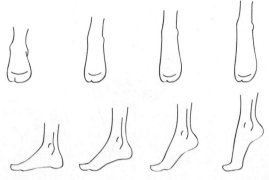

图7-19

技巧

大腿（以臀底线到膝盖）短于小腿（膝盖到脚踝），可以产生比例完美的腿部线条。脚踝（腿和脚的过渡点）可以表现优美的姿态。

7.1.13 姿态

人体骨骼细微的倾斜可以展现出各种各样的姿势。例如，人体在直立状态下，肩膀会随着脊椎的倾斜而倾斜，而当改变单脚的重心位置时，骨盆也会有所倾斜。

在绘制姿势草图时，可首先在躯干上画一条主动作线，然后在肩膀、腰部和胯部绘出3条动作线，如图7-20所示，从而创建肩线、腰围线和臀围线。动作线在造型中起到营造动感、帮助实现身体平衡的作用。例如，在人物模型中，臀部较高一侧的肩膀就应该低一点；较低的肩膀与较高的臀部以及支撑腿一起，才能保持人体平稳站立。

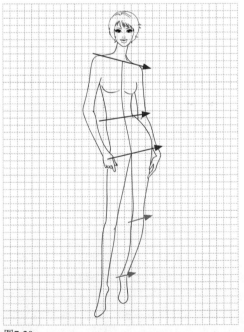

图7-20

对模特的姿势进行适当的夸张处理，可以增强画面的表现力，如图7-21所示。人体的连接点和关节可以弯曲或伸展，进行夸张处理。其中，脖子是头部和躯干的连接点，它是引起姿势变化的一个重要部位。肩膀可以耸起或放下，而两个肩点的倾斜关系是夸张手法中最常用到的。腰部可以使人体躯干扭转，还可以使人摆出前倾、扭腰或后仰的姿态。

图7-21

7.2 写实风格——中式旗袍

写实风格具有很强的真实感，它要求对人体造型、脸部特征、面料肌理，以及服装细节，包括印花图案、衣纹衣褶、光影效果等进行真实的再现。但时装画也不能追求完全的写实，应该局部写实，即重点部分详细描绘、非重点部分适当简化地表现，更能体现时装画的美感、风格和韵味。

制作要点：

本实例是在已有线稿的基础上进行创作的。操作时，需要先用魔棒工具选取不同的区域，再扩展选区，然后进行填色，以保证颜色与轮廓线之间不会出现空隙。另外还要为旗袍专门设计两款纹样，分别定义为画笔和图案，再以绘画和填充的方式使用。在表现画面明暗时，将用到加深和减淡工具。本实例涉及的技法较多，从中可以学到服装款式设计和表现的各种典型方法。

7.2.1 绘制底色

01 打开素材，如图7-22所示。这是一个PSD格式的分层文件，"线稿"图层中包含的是人物轮廓的线稿，为防止在绘制色彩时弄错图层，已将该图层锁定，如图7-23所示。

图7-22

图7-23

02 按住Ctrl键单击"图层"面板底部的 按钮，在"线稿"图层下方创建一个图层，修改名称为"衣服1"，如图7-24所示。选择魔棒工具 ，在工具选项栏中选取"对所有图层取样"选项，按住Shift键在衣服区域单击，将衣服选取，如图7-25所示。

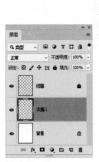

图7-24　　　　　　　　图7-25

03 执行"选择"|"修改"|"扩展"命令，将选区向外扩展1像素，如图7-26所示。将前景色设置为红色（R：207，G：0，B：12），按Alt+Delete快捷键填色，如图7-27所示。按Ctrl+D快捷键取消选择。

扩展选区　　　　　　　　×

扩展量(E)：1　　像素　　　确定
□ 应用画布边界的效果　　　取消

图7-26　　　　　　　　图7-27

04 新建一个名称为"衣服2"的图层。使用魔棒工具 选择衣领，用"扩展"命令将选区向外扩展1像素。按Alt+Delete快捷键填充红色，如图7-28和图7-29所示。

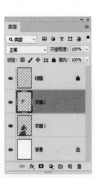

图7-28　　　　　　　　图7-29

05 用同样的方法为旗袍的镶边和盘扣填充颜色（R：248，G：188，B：202）。扇子框为黑色，人物的皮肤填充皮肤色（R：253，G：233，B：217），如图7-30和图7-31所示。

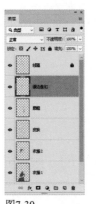

图7-30　　　　　　　　图7-31

7.2.2　定义画笔和图案

01 按Ctrl+N快捷键，打开"新建文档"对话框，创建一个透明背景的文档，如图7-32所示。将前景色设置为黑色，使用画笔工具 （尖角笔尖，3像素）绘制一些随意的线条，如图7-33所示。

图7-32　　　　　　　　　　　　图7-33

02 执行"编辑"|"定义画笔预设"命令，在对话框中输入画笔名称，如图7-34所示，将线条定义为画笔。将该文件关闭，不用保存。

图7-34

03 按Ctrl+N快捷键，再创建一个5厘米×5厘米、300像素/英寸、白色背景的文件。分别单击"图层"面板和"路径"面板底部的 按钮，新建名称为"线"的图层和路径层，如图7-35和图7-36所示。

图7-35　　　　　　　　图7-36

04 使用钢笔工具 ✐ 绘制一段螺旋形路径，如图7-37所示。将前景色设置为深紫色（R：56，G：7，B：94）。选择画笔工具 ✐ 及尖角笔尖，调整"大小"为3像素，单击"路径"面板底部的 ○ 按钮，对路径进行描边，单击面板的空白处隐藏路径，效果如图7-38所示。使用画笔工具 ✐（尖角笔尖，3像素）沿着描边线条绘制出手绘效果，如图7-39所示。

图7-37

图7-38

图7-39

05 将前景色调整为蓝色（R：0，G：173，B：230）。绘制线条中间区域，使颜色和线条呈现一定的变化，如图7-40所示。按住Ctrl键单击"图层"面板底部的 🔲 按钮，在"线"图层下方创建一个名称为"颜色"的图层。将前景色设置为橙色（R：230，G：92，B：0），按Alt+Delete快捷键填色，如图7-41所示。

图7-40
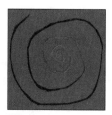
图7-41

06 将前景色设置为红色（R：210，G：4，B：20）。选择画笔工具 ✐，打开"画笔"下拉面板菜单，选择"旧版画笔"命令，加载该画笔库，然后展开"旧版画笔"|"默认画笔"列表，选择"粉笔23像素"笔尖，如图7-42所示。绘制出一些粗的笔触效果，再点缀一些蓝色笔触，如图7-43所示。

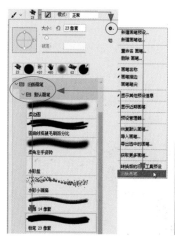
图7-42

图7-43

07 按Alt+Ctrl+C快捷键，打开"画布大小"对话框，扩展画布区域，如图7-44和图7-45所示。

图7-44

图7-45

提示 *Point*

画布是指画面范围，是文档的工作区域。如果在文档中置入了一幅画面较大的图像，或将一幅大图拖入一个比它小的文档中，则超出画布范围之外的图像就会位于暂存区中，被隐藏起来。如果想要让图像完全显示，可以执行"图像"|"显示全部"命令，自动扩大画布。

08 按Ctrl+E快捷键，将"线"和"颜色"图层合并，如图7-46所示。打开"视图"|"显示"菜单，看一下"智能参考线"命令前方是否有一个"√"，如果没有，就单击该命令，启用智能参考线。按住Alt键连续拖动图层进行复制，借助智能参考线对齐各个花朵，如图7-47所示。

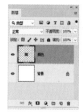
图7-46

图7-47

09 连续按Ctrl+E快捷键，向下合并这几个图层，如图7-48所示。再补充绘制一些花纹，如图7-49所示。

图7-48

图7-49

10 使用裁剪工具 ⛏ 按照原来的尺寸裁剪文件，如图7-50所示。执行"编辑"|"定义图案"命令，在对话框中输入图案名称，如图7-51所示，按Enter键，将图像定义为图案。

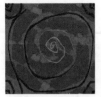

图7-50

图7-51

7.2.3 表现旗袍的图案与光泽

01 切换到旗袍文档。在"衣服1"图层上方创建一个图层。按Alt+Ctrl+G快捷键，创建剪贴蒙版，如图7-52所示。将前景色设置为白色。选择画笔工具 ，使用前面定义的"丝"画笔笔尖，在衣服上绘制随意的线条纹理，如图7-53所示。

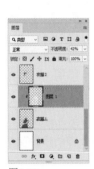

图7-52

图7-53

02 双击"衣服2"图层，打开"图层样式"对话框，添加"图案叠加"效果，使用自定义的图案，并设置参数，如图7-54和图7-55所示。

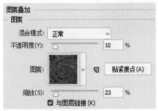

图7-54

图7-55

03 执行"图层"|"图层样式"|"创建图层"命令，将图层样式从原图层中剥离出来。选择分离出来的图层，如图7-56所示，按Ctrl+E快捷键向下合并，如图7-57所示。

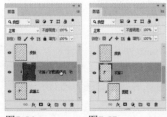

图7-56　　　　图7-57

04 选择"衣服1"图层，单击 按钮，在它上方新建图层，它会自动加入剪贴蒙版组中，设置混合模式为"正片叠底"，如图7-58所示。选择画笔工具 ，在工具选项栏中设置"不透明度"为30%，笔尖大小可在绘制时根据衣服的褶皱进行调整，用黑色绘制衣服的暗部区域，如图7-59所示。再新建一个图层，用白色绘制亮部区域，如图7-60和图7-61所示。

图7-58

图7-59

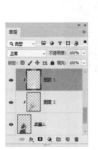

图7-60

图7-61

05 用同样的方法表现衣领和皮肤的明暗，将明暗图层分别剪切到"衣服2"和"皮肤"图层中（制作剪贴蒙版的快捷键是Alt+Ctrl+G），如图7-62~图7-65所示。

图7-62

图7-63

图7-64　　　　　　图7-65

06 选择"线稿"图层，使用魔棒工具 ✐ 选择头发。使用"选择"|"修改"|"扩展"命令，将选区向外扩展1像素，如图7-66所示。新建一个图层。绘制头发和头饰，如图7-67所示。

图7-66　　　　　　图7-67

7.2.4 制作扇子

01 打开素材，如图7-68所示。使用移动工具 ✛ 将其拖入旗袍文档中。按Ctrl+T快捷键显示定界框，单击鼠标右键，在打开的快捷菜单中选择"扭曲"命令，拖曳控制点对图像进行扭曲，以符合扇子的透视，如图7-69所示。按Enter键确认。

图7-68　　　　　　图7-69

02 选择魔棒工具 ✐ ，在工具选项栏中取消"对所有图层取样"选项的选取。单击"线稿"图层，如图7-70所示。在扇子的内圈区域单击，将其选取，如图7-71所示。选择"扇子"图层，单击"图层"面部底部的 ◧ 按钮，基于选区创建图层蒙版，将多余的图像隐藏，如图7-72和图7-73所示。

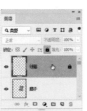

图7-70　　　　　　图7-71

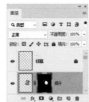

图7-72　　　　　　图7-73

03 将前景色设置为白色。选择渐变工具 ▮ ，在工具选项栏中单击径向渐变按钮 ◧ ，在"渐变"下拉面板中选择"前景色到透明渐变"，如图7-74所示。新建一个图层，设置混合模式为"滤色"，按Alt+Ctrl+G快捷键创建剪贴蒙版，如图7-75所示。在扇子左上方填充径向渐变，如图7-76所示。

图7-74　　　　　　图7-75

渐变起点

图7-76

7.3 装饰风格——舞台装

装饰风格是指对人物形象和服装的线条进行高度概括、归纳和修饰，并通过大色块和平面化处理，使画面产生节奏感和秩序感。这种风格通过点、线、面等元素，结合色彩作为表达形式和表达手段，带有强烈的装饰画特点。

制作要点：

本实例主要使用画笔工具绘制轮廓线，并为画面着色。使用橡皮擦工具修饰线条，使线条简练、形象概括。在制作头饰时，枝干、花朵、树叶和质感喷溅效果都是用不同的笔尖表现出来的。

7.3.1 绘制人像

01 创建一个A4大小（210毫米×297毫米）、分辨率为150像素/英寸的RGB模式文件。调整前景色

（R：255，G：240，B：223），然后按Alt+Delete快捷键填色。新建一个图层，如图7-77所示。选择画笔工具 ✐ ，在"画笔"下拉面板中设置笔尖"大小"为10像素，"硬度"为100%，如图7-78所示。

图7-77　　　　　图7-78

02 绘制人物轮廓，多以直线构成，用概括的方式来表现，如图7-79所示。绘制直线时可先在一点单击，然后按住Shift键在另一点单击，两点之间可形成直线。绘制五官和身体时，可以按"["键将笔尖调小。用橡皮擦工具 ✐ （大小为10像素，硬度为90%）擦拭轮廓线，使线条呈现粗细变化，如图7-80所示。

图7-79　　　　　图7-80

03 用橡皮擦工具 ✐ 仔细擦拭线条，着重刻画五官。用浅灰色绘制眼珠。按"["键将笔尖调小，画出瞳孔。线条整理妥当后，用涂抹工具 ✐ 在眼角、眉梢处顺着笔迹的方向进行涂抹，进一步刻画眉毛和眼睛的形状，如图7-81所示。将橡皮擦工具 ✐ 的笔尖调至20像素，"硬度"设置为0%，在眉毛、眼睛、鼻梁和嘴唇上涂抹，进行减淡处理，使线条呈现深浅变化，显得更加生动。轮廓线也可以这样处理，如图7-82所示。

04 新建一个图层，如图7-83所示。在工具选项栏中设置画笔工具 ✐ 的"大小"为20像素，"硬度"为0%，"不透明度"为10%，在五官上绘制阴

影，表现出立体感，如图7-84所示。

图7-81　　　　　图7-82

图7-83　　　　　图7-84

05 新建一个图层，将它拖曳到"图层1"下方，如图7-85所示。将前景色设置为白色。按"]"键将笔尖调大，绘制面部的高光。可以先大范围涂抹，再缩小笔尖，"不透明度"设置为60%，之后画出眼睛、鼻尖和嘴唇上的高光，如图7-86所示。

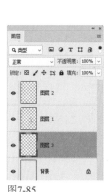

图7-85　　　　　图7-86

7.3.2 制作头饰和服装

01 打开素材，如图7-87所示，使用移动工具 拖入人物文档，放在"背景"图层上方，作为人物的头饰和衣服使用，如图7-88所示。

02 选择"装饰"图层，设置混合模式为"正片叠底"。单击 按钮添加蒙版。使用画笔工具 涂抹黑色，将遮挡在脖子上的图像隐藏，如图7-89和图7-90所示。

图7-87　　　　　图7-88

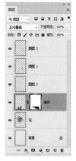

图7-89　　　　　图7-90

03 单击"花"图层，然后按住Shift键单击"图层2"，将这两个图层及中间的所有图层同时选取，如图7-91所示，按Ctrl+G快捷键编组。单击 按钮，在"组1"上方新建一个图层，如图7-92所示。

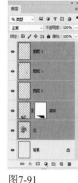

图7-91　　　　　图7-92

04 打开"画笔"下拉面板，单击右上角的 按钮，打开面板菜单，选择"导入画笔"命令，如图7-93所示，打开"载入"对话框，选择笔尖素材，如图7-94所示。按Enter键确认。

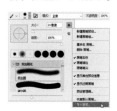

图7-93　　　　　图7-94

05 载入后选择"Sampled Brush 7"笔尖，设置模式为"叠加"，"不透明度"为70%，"流量"为70%，如图7-95所示。调整前景色（R：173，G：126，B：166），在花朵上单击鼠标，添加笔触效果，如图7-96所示。

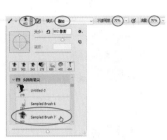

图7-95　　　　　　图7-96

06 调整前景色（R：29，G：32，B：136），在画面中添加蓝色笔触，如图7-97所示。拖曳预览框中的控制点，调整笔尖方向，使接下来绘制的笔触能有所变化。继续绘画，花朵中心的位置可用黑色来表现，由于设置了"叠加"模式，新的笔触与原来的笔触会形成透叠效果，如图7-98所示。

图7-97　　　　　　图7-98

07 展开"旧版画笔"|"DP画笔"列表，选择"DP裂纹"笔尖，如图7-99所示。绘制黑色和蓝色的裂纹，如图7-100所示。为了便于后期修改，可以为每一种笔触效果单独建立一个图层。

图7-99　　　　　　图7-100

08 在"特殊效果画笔"列表中选择"Kyle的概念画笔–树叶混合2"笔尖，如图7-101所示。将笔尖调大，并重新设置前景色，分别绘制品红、紫红和浅褐色的花朵，如图7-102所示。这个笔尖是通过混合器画笔工具 ✔ 对图像进行拾取，然后定义为画笔的，因此，在选取时会自动切换为混合器画笔工具 ✔ ，但可以像使用画笔工具一样进行绘制。

图7-101　　　　　　图7-102

09 Photoshop还提供了一个"特殊效果画笔"库，展开"旧版画笔"列表才能看到它。这是以动植物等写实的形象为主的笔尖。选择其中的"漂落藤叶"笔尖，如图7-103所示，绘制一些藕荷色的树叶作为点缀，如图7-104所示。

图7-103　　　　　　图7-104

10 在"特殊效果画笔"列表中选择"Kyle的喷溅画笔–喷溅Bot倾斜"笔尖，如图7-105所示。通过单击鼠标的方法绘制颜料喷溅效果（可调整笔尖大小，使笔触效果有变化）。在人物的嘴唇上涂抹粉色，与头饰和衣服的色彩相呼应，如图7-106所示。

图7-105　　　　　　图7-106

7.4 写意风格——职业装

写意风格来源于中国的"写意画",是善于表现意境的绘画艺术。写意风格的时装画异曲同工,也要求构图明快,用笔洒脱,造型简洁、概括,而富于神韵。这需要一定的绘画基础和审美积淀。因为娴熟地运用写意风格表现绘画,需要经过长期的速写练习,对所描绘对象的结构也要非常了解,这样落笔才能高度概括,表达出设计重点。

制作要点:

本实例主要使用"大油彩蜡笔"笔尖为服装着色,使用橡皮擦工具修正图像边缘,擦出衣服亮部。通过"液化"滤镜对色块进行涂抹,表现笔触效果。使用"强化的边缘""纹理化"滤镜表现上衣的质感。手袋的图案则用到了图层样式。

7.4.1 修饰线稿与绘制重色区域

01 打开素材,如图7-107所示。这是一个PSD格式的分层文件,"线稿"图层中包含的是人物轮廓的线描图。在"路径"面板中,提供了人物的"轮廓"路径和"线稿"路径,如图7-108和图7-109所示。这两个路径记录了从大轮廓到确定线稿的两个过程,仅供参考。

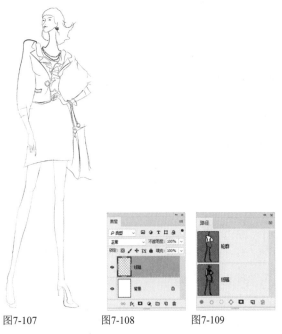

图7-107　　　图7-108　　　图7-109

02 单击"图层"面板中的"线稿"图层,执行"滤镜"|"纹理"|"纹理化"命令,在打开的对话框中设置参数,如图7-110所示。

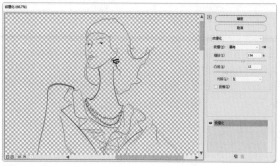

图7-110

03 按Ctrl+J快捷键复制该图层，得到"线稿 拷贝"
图层。使用画笔工具 ✏️（尖角笔尖，2像素）将
该图层中断开的线连接起来，使各个部分成为封闭的
区域，以方便填色，如图7-111和图7-112所示。

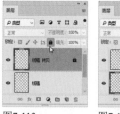
图7-111

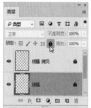
图7-112

04 分别单击这两个线稿图层及面板顶部的 🔒 按
钮，将它们各自锁定，如图7-113和图7-114所
示。由于上色时，往往会出现把颜色填在线稿上的情
况，给修改带来麻烦，所以在上色之前先把线稿所在
的图层锁定，就可以避免这样的事情。

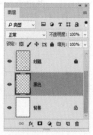
图7-113   图7-114

05 在"背景"图层上方新建名称为"黑色"的图
层，如图7-115所示。使用魔棒工具 🪄，在工
具选项栏中选取"对所有图层取样"选项，在裙子区
域单击鼠标，创建选区，如图7-116所示。

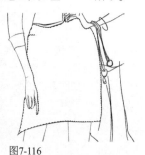
图7-115   图7-116

06 执行"选择"|"修改"|"扩展"命令，扩展选
区范围，如图7-117和图7-118所示。

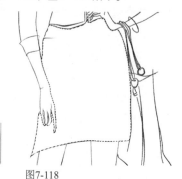
图7-117   图7-118

07 选择画笔工具 ✏️，在"画笔设置"面板中选取
"大油彩蜡笔"笔尖，调整角度及大小，如图
7-119所示。在选区内绘制裙子的暗部颜色，如图
7-120所示。

图7-119   图7-120

08 选择橡皮擦工具 🧽，也使用"大油彩蜡笔"笔
尖，将"不透明度"设置为50%，擦除黑色边
缘，如图7-121所示。

图7-121

09 选择魔棒工具 🪄，按住Shift键在手和腿部单击
鼠标，创建选区。执行"选择"|"修改"|"扩
展"命令，将选区向外扩展1像素。调整画笔大小，绘
制手和腿部的暗部色，如图7-122和图7-123所示。

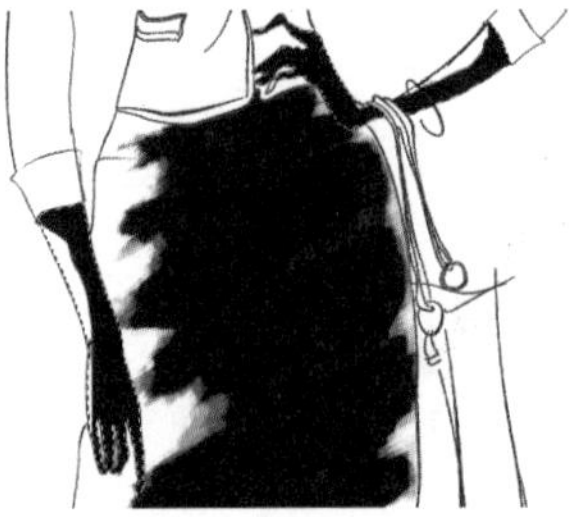

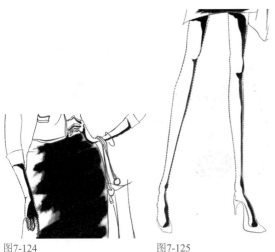

图7-122 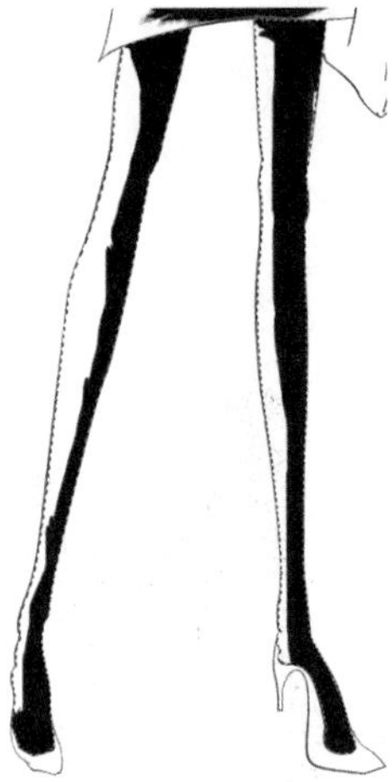　　　　　图7-123

10 选择橡皮擦工具 ✎，设置不透明度为100%，擦除边缘，使线条变细。再将工具的"不透明度"设置为40%，对线条的局部进行擦除，表现出明暗变化，如图7-124和图7-125所示。

图7-124　　　　　图7-125

11 适当调整画笔大小，加粗部分线条，并绘制一些小的投影，如图7-126所示。

图7-126

7.4.2 绘制其他颜色并添加纹理

01 按住Ctrl键单击"图层"面板底部的 ▣ 按钮，在"黑色"图层下面创建一个名称为"浅色"的图层，如图7-127所示。将前景色设置为淡黄色（R：219，G：214，B：183）。

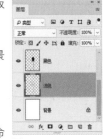

图7-127

02 使用魔棒工具 ✦ 选取裙子、手和腿部，使用"扩展"命令将选区向外扩展1像素。使用画笔工具 ✎ 进行绘制，如图7-128所示。使用橡皮擦工具 ✎（尖角笔尖，"不透明度"为50%）修正边缘。按Ctrl+D快捷键取消选择，如图7-129所示。

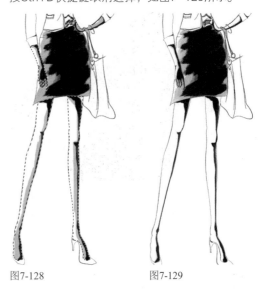

图7-128　　　　　图7-129

03 新建名称为"头发及其他"的图层，如图7-130所示。采用同样的方法绘制头发和嘴唇，以及外套里面的衣服，如图7-131所示。

图7-130　　　　　图7-131

04 选择"线稿拷贝"图层。使用魔棒工具 ✦ 选取上衣，使用"扩展"命令将选区向外扩展2像素，如图7-132和图7-133所示。

161

图7-132　　　　　　图7-133

05 将前景色设置为深蓝色（R：12，G：25，B：74）。新建一个名称为"上衣颜色 浅"的图层，如图7-134所示。按Alt+Delete快捷键，在选区内填充前景色，然后取消选择，如图7-135所示。

图7-134　　　　　　图7-135

06 使用橡皮擦工具 ✐（尖角笔尖，"不透明度"为100%）擦除部分颜色，体现出衣服的亮部区域，如图7-136所示。

图7-136

07 执行"滤镜"|"液化"命令，打开"液化"对话框。选择向前变形工具 ✍，在上衣颜色的边缘单击，并拖曳鼠标进行涂抹，制作笔触效果，如图7-137所示。

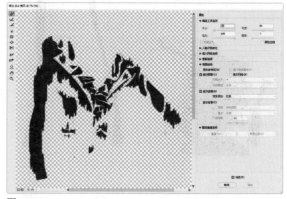

图7-137

08 按住Ctrl键单击该图层的缩览图，载入选区，如图7-138所示。将前景色设置为浅黄色（R：250，G：246，B：228），按Alt+Delete快捷键填色。按Ctrl+D快捷键取消选择，如图7-139所示。

图7-138　　　　　　图7-139

09 按Ctrl+J快捷键复制图层，将得到的图层命名为"上衣颜色 深"，如图7-140所示。采用同样的方法载入选区，并用较深一点的黄色填充，覆盖原来的浅黄色，如图7-141所示。

图7-140　　　　　　图7-141

10 使用橡皮擦工具 ✐（柔角笔尖，"不透明度"为100%）处理边缘，使它与上一个图层形成层次感，如图7-142所示。

图7-142

11 执行"滤镜"|"画笔描边"|"强化的边缘"命令，设置参数，如图7-143所示，通过强化边缘创建特殊效果，如图7-144所示。

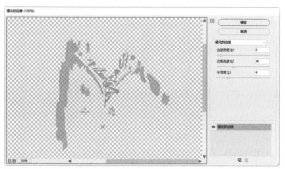

图7-143

图7-144

12 选择"上衣颜色 浅"图层，再一次使用"强化的边缘"滤镜，加强边缘效果的强度，如图7-145所示。

图7-145

13 按Shift+Ctrl+N快捷键，打开"新建图层"对话框，设置选项如图7-146所示，单击"确定"按钮，在"上衣颜色 深"图层上面创一个叠加模式的中性色图层，如图7-147所示。

图7-146

图7-147

技巧

在Photoshop中，黑、白和50％灰都属于中性色。创建中性色图层时，Photoshop会用其中的一种颜色填充图层，并自动为其设置一种混合模式，使图层中的中性色不可见，就像是透明图层一样，不会对其他图层产生影响。

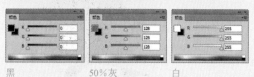

黑　　　　　50％灰　　　　　白

中性色图层可以承载滤镜，这样就既有滤镜效果，同时不会破坏原图像，一举两得。

中性色图层还可以调整图像的曝光。例如，可以使用画笔工具 ✏ 在中性色图层上涂抹黑、白和各种灰色，或者用减淡工具 🔍 和加深工具 👌，对中性色进行减淡和加深处理。当图层中的中性色变深或变浅时，就不再是中性色了，在混合模式的作用下，就会影响其下方图层中的内容，从而影响图像的明暗和影调。此外，中性色图层还可以添加图层样式。

14 执行"滤镜"|"纹理"|"纹理化"命令，打开"滤镜库"设置参数，如图7-148所示，将纹理应用在中性色图层上。执行"编辑"|"渐隐纹理化"命令，降低效果的不透明度，使其看起来柔和一点，如图7-149和图7-150所示。

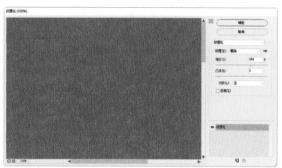

图7-148

图7-154

图7-149　　　　　图7-150

15 新建一个名称为"包"的图层，如图7-151所示。使用魔棒工具 ✍ 选择手提包，并对选区进行扩展（扩展量为1像素）。按Alt+Delete快捷键填充前景色，如图7-152所示。

17 单击"线稿副本"图层的眼睛图标 👁 ，将该图层隐藏，如图7-155所示。调整一下各个色块的形状，完成后的效果如图7-156所示。

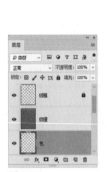

图7-151　　　　　图7-152

16 双击"包"图层，打开"图层样式"对话框，在左侧列表的"图案叠加"选项名称上单击鼠标，单击右侧的 按钮，打开"图案"下拉面板，单击右上角的 ✿ 按钮，打开面板菜单，选择"彩色纸"命令，载入该图案库，选取"白色木质纤维纸"图案，如图7-153和图7-154所示。

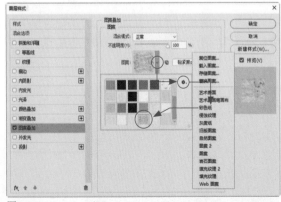

图7-153

图7-155　　　　　图7-156

7.5 夸张风格——运动女装

夸张风格的特点是突出表现服饰的局部细节或人体的局部特征，如夸张的人体比例、人体动态、脸部五官等，以突出主题、强调服装的特征并营造绘画风格。夸张的一般规律是，长的更长（如模特的小腿），小的更小（如模特的头），柔软的更加柔软（如丝绸的质感），均匀的更加均匀（如大面积的色泽）。

制作要点：

本实例主要使用钢笔工具绘制人物的轮廓，在绘制过程中，通过快捷键切换工具来编辑锚点和路径形状，再用画笔描边路径。此外，还要利用线与线的重叠和线自身的弯折，来表现手绘效果的笔触。

7.5.1 绘制线稿

01 按Ctrl+N快捷键，创建一个A4大小（210毫米×297毫米，300像素/英寸，）的RGB模式文件。新建一个名称为"大轮廓"的图层。按Ctrl+R快捷键显示标尺。将光标放在水平标尺上，单击并向下拖曳出几条参考线，确定人物头、脚跟以及中点的位置。使用画笔工具 ✏ 绘制出人物的大体轮廓，如图7-157和图7-158所示。

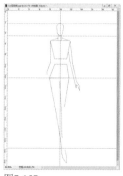

图7-157　　　　　　　　图7-158

02 执行"视图"|"清除参考线"命令，删除参考线。将该图层的"不透明度"调整为30%，如图7-159和图7-160所示。下面以它为绘画参考。

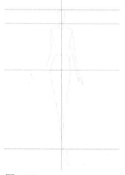

图7-159　　　　　　图7-160

03 单击"路径"面板底部的 ⬚ 按钮，新建一个路径层。使用钢笔工具 ✍ 绘制人物轮廓，如图7-161和图7-162所示。注意要根据手绘线条的特点一条一条地绘制，利用线与线的重叠和线自身的弯折来表现手绘的笔触。在绘制过程中，可以按住Ctrl键转换为直接选择工具 ▷ 修改锚点。

图7-166

05 新建名称为"轮廓2"的图层，如图7-167所示。在"画笔设置"面板中选择"形状动态"选项，在"控制"下拉列表中选择"钢笔压力"选项，如图7-168所示。将笔尖设置为3像素，按住Alt键单击"路径"面板底部的 ○ 按钮，打开"描边路径"对话框，选取"描边压力"选项，如图7-169所示，让描边线条呈现粗细变化，制作出有轻重感的线条，如图7-170所示。

图7-161   图7-162

04 删除"大轮廓"图层，新建名称为"轮廓1"图层，如图7-163所示。选择画笔工具 ✎ 及"硬边圆"笔尖，设置大小为2像素，如图7-164所示。按住Alt键单击"路径"面板底部的 ○ 按钮，打开"描边路径"对话框，在"工具"下拉列表中选择"画笔"，如图7-165所示，单击"确定"按钮，用画笔描边路径，如图7-166所示。

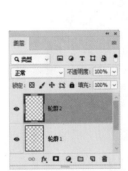

图7-167   图7-168

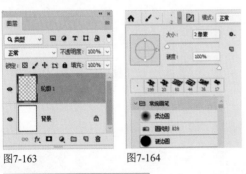

图7-163   图7-164

图7-165

图7-169   图7-170

06 为了使描边效果更加清晰，可以按两下Ctrl+J快捷键，复制出两个"轮廓2"图层，如图7-171和图7-172所示。

图7-171　　　　　　图7-172

7.5.2　上色和添加图案

01 设置前景色（R：113，G：92，B：72）。在"轮廓1"下方新建一个图层。使用画笔工具 ✐ 给皮肤上色。颜色要涂在轮廓线范围内，不要超出轮廓，适当保留一些白边看起来会更自然，如图7-173所示。可通过按"["键和"]"键调整笔尖大小。

02 将帽子填充为深灰色（R：76，G：76，B：76），衣领填充为豆绿色（R：205，G：237，B：198），衣服填充为橙色（R：255，G：155，B：97），如图7-174所示。在填充颜色时，要为每种颜色单独建立一个图层，便于后期进行加工修改。

图7-173　　　　　　图7-174

03 将内衣填充为浅灰色（R：160，G：153，B：164），运动裤填充为蓝色（R：93，G：158，B：188），如图7-175所示。填充时边缘可多一些留白。选择涂抹工具 ✐ ，使用"柔角"为80像素的笔尖，设置"强度"为40%。从空白处向颜色区域涂抹，涂抹几下后，再由颜色区域向空白区域涂抹，这样可以使颜色更加均匀，笔触效果更加真实，同时也使衣服显现出动感，如图7-176所示。

图7-175　　　　　　图7-176

04 双击"运动裤"图层，打开"图层样式"对话框，添加"图案叠加"效果。在"图案"面板菜单中选择"Web图案"命令，加载该图案库，选择"网点1"图案，设置缩放为200%，混合模式为"划分"，如图7-177和图7-178所示。

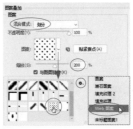

图7-177　　　　　　图7-178

05 给靴子填色，颜色可比上衣的橙色略红一些。在"背景"图层上方新建一个图层。用画笔工具 ✐ 涂抹大面积的黄色（R：243，G：246，B：127），体现出运动装的动感和活力，如图7-179所示。

图7-179

7.6 动画风格——少女服装

动画风格主要分为冷峻、可爱和搞笑3种不同的表现形式，无论用线、用色，还是造型、构图，不同的作者有迥然不同的表达方法。这种风格的时装画适合表现童装、少男少女服装。

制作要点：

本实例将以Photoshop的矢量功能——钢笔工具为主，完成服装画的绘制。钢笔工具可以绘制形状和路径两种矢量对象。形状的优点是绘制出图形以后，其内部即以颜色、渐变或图案来填充，比较省事。路径的优点是可以描边或填色，也便于存储。本实例主要以形状（图层）来表现人物，将其按照不同部位与颜色，放置在不同的形状图层上（每个形状图层中都包含一个或几个形状）。由于形状图层不能像路径那样描边，这一次，将通过图层样式来表现描边效果。用这种方法绘制的效果图，无论在修改轮廓，还是修改填色内容上，都比使用用路径操作方便，唯一的缺点是图层的数量比较多。

7.6.1 用形状图层表现模特

01 打开素材，如图7-180所示。下面以它为参考绘制轮廓图。如果手绘功底好，可以不必借助该素材绘画。

图7-180

02 选择钢笔工具 ✐ ，在工具选项栏中选取"形状"选项。单击"填充"选项右侧的颜色块，打开下拉面板，单击纯色颜色块，再单击■按钮，如图7-181所示，打开"拾色器"，将填充颜色设置为皮肤色（R：253，G：231，B：202）。绘制面部轮廓，"图层"面板中会创建一个形状图层，如图7-182和图7-183所示。

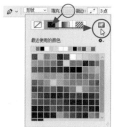

图7-181　　　　　图7-182

图7-183

03 双击该形状图层，打开"图层样式"对话框，在左侧列表的"描边"名称上单击鼠标，然后在右侧设置大小为2像素，位置为"居中"。单击"颜色"右侧的颜色块，打开"拾色器"，设置描边颜色为暗橙色（R：221，G：104，B：51），如图7-184和图7-185所示。

图7-184　　　　　　　　图7-185

04 选择"背景"图层。用钢笔工具 ✐ 绘制耳朵。生成的形状图层会位于"背景"图层上方，如

图7-186和图7-187所示。

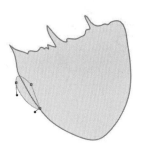

图7-186　　　　　图7-187

05 在工具选项栏中选择 ▣ 合并形状选项，如图7-188所示。绘制另一侧的耳朵，两只耳朵会位于一个形状图层中，如图7-189和图7-190所示。

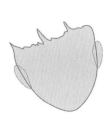

图7-188　　　图7-189　　　图7-190

06 按住Alt键，将"形状1"图层右侧的效果图标 *fx* 拖曳给"形状2"图层，如图7-191所示，将效果复制到该图层，使耳朵也有同样的描边，如图7-192和图7-193所示。

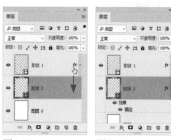

图7-191　　　图7-192

图7-193

07 分别绘制眉毛、眼睛和睫毛，如图7-194所示，绘制眼球，如图7-195和图7-196所示。

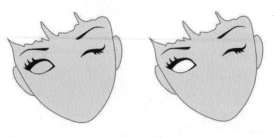

图7-194　　　　　　　　图7-195

图7-196

08 双击"眼球"所在的形状图层，打开"图层样式"对话框，选择左侧列表的"渐变叠加"选项，然后调整渐变颜色，设置渐变角度为−59°，如图7-197和图7-198所示。

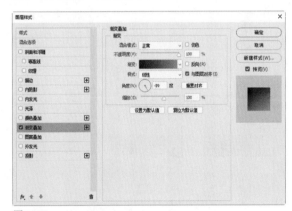

图7-197

图7-198

09 选择椭圆工具 ○ ，在工具选项栏中选取"形状"选项，绘制瞳孔，如图7-199所示。用钢笔工具 ◎ 绘制眼睛上的反光。在"图层"面板中设置该

形状图层的"不透明度"为50%，如图7-200所示。绘制眼睛的高光，如图7-201所示。

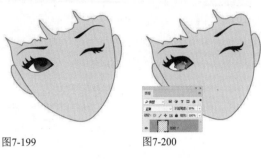

图7-199　　　　　　　　图7-200

图7-201

10 用钢笔工具 ◎ 绘制双眼皮。由于双眼皮为开放式路径，没有填充颜色，因此，需要先在工具选项栏中选取"路径"选项，然后在左眼睛上方绘制。在工具选项栏中选择合并形状选项 ◻ ，再绘制右眼的双眼皮，如图7-202所示。选择画笔工具 ✎ 及"柔边圆"笔尖，设置"大小"为2像素，如图7-203所示。单击"路径"面板底部的 ○ 按钮，用画笔描边路径，效果如图7-204所示。

图7-202

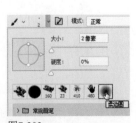

图7-203

图7-204

11 分别绘制出鼻子和嘴巴，使人物的表情显得可爱、俏皮，如图7-205~图7-207所示。

图7-205　　　　　　　图7-206

图7-207

12 绘制头发，并将生成的形状图层移至底层，如图7-208和图7-209所示。

图7-208　　　　　　　图7-209

13 按住Shift键单击最上面的形状图层，将"背景"图层以外的所有图层选取，如图7-210所示，按Ctrl+G快捷键，将它们编入一个图层组中。双击图层组名称，在显示的文本框中重新命名"头部"，如图7-211所示。

图7-210　　　　　　　图7-211

7.6.2 绘制衣服

01 绘制人物身体的上半部分，包括上衣、脖子和手，衣领装饰红线，并配有蝴蝶结，如图7-212所示。绘制出衣服的明暗色块，如图7-213所示。

图7-212

图7-213

02 绘制裙子。裙子分为五部分，每部分位于一个单独的形状图层中，将它们加入到一个图层组中，如图7-214和图7-215所示（图中的黑线是为使读者能够更清楚裙子的结构，并非"描边"效果）。

图7-214　　　　　　　图7-215

03 打开图案素材，如图7-216所示。使用移动工具
    ✛ 将其拖入服装效果图文档中。按Alt+Ctrl+G
快捷键创建剪贴蒙版，将图案剪切到裙子色块中，如
图7-217和图7-218所示。

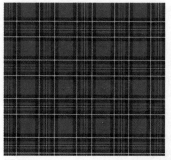
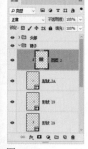

图7-216　　　　　　　　　图7-217

图7-222

05 绘制腿和鞋子，如图7-223所示。表现鞋子的明
    暗，如图7-224所示。

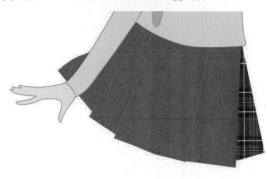

图7-218

04 按Ctrl+T快捷键显示定界框，调整图案的角度，
    如图7-219所示，按Enter键确认。用同样的方
法给其他色块添加图案，创建剪贴蒙版，之后调整图
案角度，如图7-220和图7-221所示。绘制裙子上深
色的褶皱，如图7-222所示。

图7-223　　　　　　　　　图7-224

06 图7-225所示为绘制完成的动画风格少女服装。
    可以尝试不同的色系，设计出或活泼或淡雅的
风格，图7-226所示为藕荷色系的效果。

图7-219　　　　　　　图7-220

图7-221

图7-225　　　　　　　　　图7-226

7.7 Mix & Match风格——时装杂志封面

Mix意为混合、掺杂，Match意为调和、匹配。从字面上不难理解，Mix & Match风格是指融合了许多独立的甚至互相冲突的艺术表现方式，使之呈现协调的整体风格。

制作要点：

Photoshop是最强大的图像编辑和绘画软件之一。但由于其自身是位图程序，在绘图方面，例如，绘制服装款式图上，明显不如Illustrator这类矢量程序方便。因此，使用计算机进行服装设计的从业者，不仅要学好Photoshop绘画技术，还要能够熟练使用Illustrator绘制图形、制作图案，这样才能在工作中游刃有余。本实例使用Illustrator制作一个时装杂志的封面。之所以用Illustrator，是因为整个封面，除女士的上半身像外，全部是由图形、图案和文字构成的。这样的设计工作，用Illustrator完成要比使用Photoshop更加方便和高效，而且在印刷时，效果也更加清晰。本实例中将运用Illustrator图案库、图形透明度和混合模式等技术。需要说明的是，如果没有安装本实例所使用的字体，可以用近似的其他字体替代。

图7-228　　　　　　　　　　　图7-229

01 运行Illustrator软件。按Ctrl+N快捷键，打开"新建文档"对话框，使用预设选项创建一个A4大小的文件，如图7-227所示。

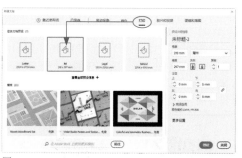

图7-227

03 单击"图层"面板底部的 按钮，新建"图层2"。在"图层1"前方单击鼠标，将其锁定，如图7-230所示。使用钢笔工具 绘制头发。之后绘制衣服。衣服的线条要比较柔和自由，可以用铅笔工具 绘制，如图7-231所示。

02 执行"文件"|"置入"命令，打开"置入"对话框，选择素材文件，取消对"链接"选项的选取，如图7-228所示。按Enter键，然后在画板中单击并拖曳鼠标置入图像，如图7-229所示。在鼠标的拖曳过程中可以调整图像的大小。由于没有选取"链接"选项，图像将嵌入当前文档中。

图7-230　　　　　　　图7-231

04 单击"色板"面板左下角的 **IN.** 按钮，在打开的菜单中选择"图案"|"自然"|"自然_叶子"命令，打开该图案库。使用选择工具 ▶ 单击头发图形，再单击"莲花方形颜色"图案，用它填充头发，如图7-232和图7-233所示。

图7-232 　　　　　　　图7-233

05 单击该面板底部的 ▶ 按钮，切换到"Vonster-图案"图案库，选取衣服图形，用"摇摆"和"翠绿"图案填充，如图7-234和图7-235所示。单击面板底部的 ▶ 按钮，再切换到"装饰旧版"图案库，用其中的图案填充衣领和衣袖。在"描边"面板中设置衣袖的描边颜色为白色，粗细为3pt，如图7-236和图7-237所示。

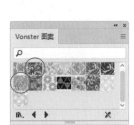

图7-234 　　　　　　　图7-235

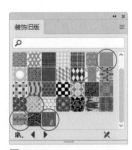

图7-236 　　　　　　　图7-237

06 使用钢笔工具 ✐ 绘制发丝，如图7-238和图7-239所示。

图7-238 　　　　　　　图7-239

07 绘制眼睫毛。操作时可以先绘制一个，然后用选择工具 ▶ 按住Alt键拖曳它，进行复制并调整大小，得到另一个，如图7-240所示。将这两个图形选取，按Ctrl+G快捷键编组。双击镜像工具 ▷◁，打开"镜像"对话框，选择"垂直"选项，如图7-241所示，单击"复制"按钮，镜像并复制图形，然后将其移动到右眼上，如图7-242所示。

图7-240 　　　　　图7-241 　　　　　图7-242

08 分别使用星形工具 ☆ 和矩形工具 ▢ 绘制图形，如图7-243所示。用选择工具 ▶ 选取这两个图形，按Ctrl+G快捷键编组。用选择工具 ▶ 按住Alt键拖曳，进行复制并调整角度，排列在人物的眼睫毛上，如图7-244所示。

图7-243 　　　图7-244

09 使用钢笔工具 ✐ 绘制一个细长的叶子图形，用椭圆工具 ⬭ 绘制一个圆形，如图7-245所示。将这两个图形编组，复制并调整角度，依照人物下眼线的弧度进行排列，如图7-246所示。用星形工具 ☆ 绘制4个小星星作为点缀，如图7-247所示。

图7-245 　　　图7-246 　　　图7-247

10 在右侧脸颊上绘制一个椭圆形，填充洋红色，用白色描边，设置"粗细"为1pt，选取"虚线"选项，设置虚线及间隙的参数均为2pt，如图7-248和图

7-249所示。

图7-248　　　　　图7-249

11 保持图形的选取状态。打开"外观"面板，在"填色"属性列表中的"不透明度"选项上单击，打开下拉面板，设置混合模式为"叠加"。这种方法可以单独调整图形的填充内容，而描边将保持不变。同样，在左脸上制作两个橙色圆形，效果如图7-250和图7-251所示。

图7-250　　　　　图7-251

12 绘制嘴唇图形。设置混合模式为"正片叠底"，不透明度为70%，如图7-252和图7-253所示。

图7-252　　　　　图7-253

13 使用多边形工具 ⬡ 绘制一个八边形，如图7-254所示。执行"效果"|"扭曲和变换"|"收缩和膨胀"命令，在打开的对话框中设置参数为20%，将图形扭曲为花朵状，如图7-255所示。用图案填充花朵。绘制小星形，分别装饰在头发、手指和指甲上，如图7-256所示。

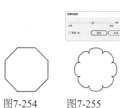

图7-254　　图7-255　　图7-256

14 选择文字工具 **T**，在控制面板中设置字体及大小，然后输入文字，如图7-257所示。按Ctrl+C快捷键复制文字，按Ctrl+F快捷键粘贴到前面。用"装饰旧版"图案库中的"星状六角形颜色"图案进行填充，如图7-258所示。

图7-257

图7-258

15 单击"图层"面板底部的 🔲 按钮，新建一个图层。将其拖曳至面板底层。使用矩形工具 ▭ 创建一个与画板大小相同的矩形，填充白色。按Ctrl+C快捷键复制该矩形，按Ctrl+F快捷键原位粘贴到前面。用"Vonster图案"库中的"漩涡2"图案进行填充，设置不透明度为70%，如图7-259所示。最后在画面两侧输入文字，如图7-260所示。

图7-259　　　　　图7-260

第8章 时装画特殊技法

8.1 临摹法——向大师作品学习

时装画不仅表达创意思想，同时也注重艺术的欣赏价值和视觉感受。一批又一批的时装画大师不断创新，为人们提供了大量可以学习和借鉴的优秀作品。临摹时装画是初学者快速进步的最好方法，人们可以从不同风格、不同技巧的作品中吸收营养，归纳出自己需要的元素，通过实践掌握绘制时装画的要点与精髓。

制作要点：

这幅时装画人物动态优雅、时尚感强。临摹时先使用钢笔工具绘制轮廓，再通过画笔描边来表现线条。调整笔尖参数时，对"形状动态"使用了渐隐设置，使线条能够呈现由重到轻、如行云流水般自然流畅的效果。

8.1.1 用矢量工具绘制线稿

01 下面临摹韩国著名插画家Enakei的时装画作品，如图8-1所示。按Ctrl+N快捷键，打开"新建文档"对话框，创建一个18.5厘米×26厘米、分辨率为300像素/英寸的RGB模式文件。

图8-1

02 单击"路径"面板底部的 ▯ 按钮，新建一个路径层。首先来绘制线条轮廓，为了便于与之后的路径区分开，在该路径层的名称上双击鼠标，显示文本框后修改名称为"线条"，如图8-2所示。选择钢笔工具 ✐ ，在工具选项栏中选取"路径"选项，绘制人物的动态轮廓线，如图8-3所示。在绘制的过程中，可以按住Ctrl键，切换为直接选择工具 ▯ 修改锚点。

图8-2　　　　　　　图8-3

03 绘制细节线条，如图8-4~图8-6所示。单击"图层"面板底部的 ▯ 按钮，新建一个图层。选择画笔工具 ✐ （尖角1像素），单击"路径"面板底部的 ◯ 按钮，用画笔描边路径。现在画面中的线条将作为下面绘制图形时的参考，如图8-7所示。

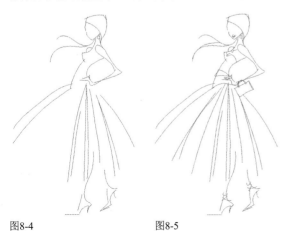

图8-4　　　　　　　图8-5

图8-6　　　　　　　图8-7

04 下面绘制的是需要填色区域的轮廓。单击"路径"面板底部的 ▯ 按钮，新建一个路径层，修改名称为"颜色轮廓"，如图8-8所示。选择钢笔工具 ✐ ，在工具选项栏中选择 ▯ 合并形状选项，绘制出需要填充颜色的区域，这里的小面积和封闭区域除外，如图8-9所示。

图8-8　　　　　　　图8-9

05 临时的线条已经不需要了，将它（"图层1"）拖曳到 🗑 按钮上删除。单击 ▯ 按钮，新建一个图层，修改名称为"线条"，如图8-10所示。在"路径"面板中单击"线条"路径层，如图8-11所示，此时画面中会显示该层中的路径，使用路径选择工具 ▯ 选取图8-12所示的路径段。

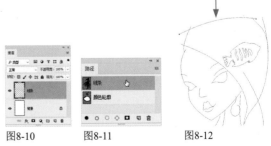

图8-10　　　　图8-11　　　　图8-12

06 将前景色设置为浅蓝色（R：174，G：205，B：207）。选择画笔工具 ✐ ，打开"画笔设置"面板，选择一个尖角笔尖，设置"大小"为4像素，如图8-13所示。在左侧的列表中选取"形状动态"选项，在右侧将"大小抖动"的"控制"选项设置为"渐隐"，参数设置为500，如图8-14所示。单击"路径"面板底部的 ○ 按钮，对该路径进行描边，制作出头发线条，如图8-15所示。采用同样的方法，分别选取其他头发路径，然后适当调整画笔大小和渐隐参数，对路径进行描边，如图8-16所示。

图8-13　　　　　　　图8-14

图8-15　　　　　　图8-16

07 将"大小抖动"的"控制"选项恢复为"关"，选取头饰路径，进行描边，如图8-17所示。

图8-17

08 将前景色设置为深棕色（R：138，G：75，B：46），用路径选择工具 ▶ 选取皮肤的轮廓线条，进行描边处理，如图8-18所示。

图8-18

09 选取耳环路径，如图8-19所示。在"控制"选项右侧的下拉列表中选择"钢笔压力"选项，如图8-20所示。

图8-19　　　　　　图8-20

10 调整画笔大小为8像素。按住Alt键单击"路径"面板底部的 ○ 按钮，在打开的对话框中选取"模拟压力"选项，如图8-21所示，再次描边耳环路径，这样耳环线条会出现粗细变化，如图8-22所示。

图8-21　　　　　　图8-22

11 采用同样的方法继续描边路径。当用一种画笔式样描边不能达到线条效果时，可以采用绘制耳环的方法，即通过重复描边来达到目的。例如，先将"控制"设置为"渐隐"，进行描边后，设置为"钢笔压力"再次描边，如图8-23所示（背部线条）。图8-24所示的左腿线条，则是将画笔的大小动态控制恢复为"关"后进行描边，再设置为"钢笔压力"重复描边。绘制完的线条效果如图8-25所示。

图8-23　　　　　　图8-24

图8-25

8.1.2 为人物和服装上色

01 按住Ctrl键单击"图层"面板底部的 按钮，在"线条"图层下方创建一个名称为"粉红1"的图层。将前景色设置为粉红色（R：255，G：194，B：199）。单击"颜色轮廓"路径层，使用路径选择工具 选择其中的一个形状图形，如图8-26所示，单击"路径"面板底部的 按钮，填充路径区域，如图8-27所示。

图8-26   图8-27

02 新建"粉红2"图层，采用同样的方法，在另外一个形状路径内填充粉红色，如图8-28和图8-29所示。

图8-28   图8-29

03 选择"粉红1"图层，设置"不透明度"为38%，如图8-30和图8-31所示。

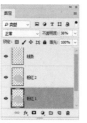 

图8-30   图8-31

04 选择"线条"图层，使用魔棒工具 在腰带区域单击，创建选区，如图8-32所示。执行"选择"|"修改"|"扩展"命令，将选区向外扩展1像素，如图8-33所示。选择"粉红2"图层，按Alt+Delete快捷键填充前景色。在鞋子区域也进行填色处理，如图8-34所示。

图8-32   图8-33

图8-34

05 新建一个名称为"头发"的图层。将前景色设置为浅黄色（R：237，G：222，B：193）。单击"颜色轮廓"路径层，使用路径选择工具 选择其中的头发图形，单击"路径"面板底部的 按钮，填充路径区域，如图8-35所示。

图8-35

06 在"路径"面板中新建一个路径层，命名为
"结构"。使用钢笔工具 ⬭ 绘制皮肤区域的形
状路径。绘制时应与线条错开一定的区域，使线条显
得轻松随意，如图8-36和图8-37所示。

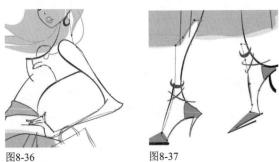

图8-36   图8-37

07 将前景色设置为皮肤色（R：241，G：212，B：
198）。单击"路径"面板底部的 ⬤ 按钮，填充
路径区域，如图8-38所示。面部的颜色处理可以通过
先载入选区，然后扩展选区（扩展量为1像素），再使
用画笔工具 ✐ 涂抹的方法来绘制，如图8-39所示。

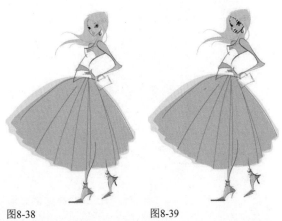

图8-38   图8-39

08 创建"饰品"图层，采用同样的方法绘制相应
的颜色，如图8-40所示。

图8-40

8.1.3 完善细节

01 使用钢笔工具 ⬭ ，在衣物的褶皱和头发等的转
折处绘制轮廓，如图8-41所示。新建一个名称
为"结构"的图层，用颜色填充各个结构路径，使得
画面更富于变化，如图8-42所示。

图8-41   图8-42

02 单击"线条"路径层，使用路径选择工具 ▸ ，
选取其中部分线段路径，如图8-43所示。将前
景色设置为白色，采用前面绘制"线条"图层的方法
绘制所选路径，如图8-44所示。

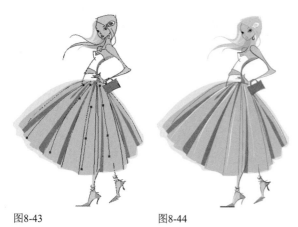

图8-43 图8-44

03 用橡皮擦工具 擦除遮挡住脸、肩和手的部分
颜色，如图8-45~图8-48所示。

图8-45 图8-46

图8-47 图8-48

04 选择"线条"图层，使用魔棒工具 选择脸部
区域，使用"选择"|"修改"|"扩展"命令
扩展选区（扩展量为1像素）。新建一个"细节"图
层，将前景色设置为粉红色（R：237，G：142，B：
148）。使用画笔工具 （柔角笔尖，"不透明度"
为20％，"流量"为100％）在人物的眼睛部位绘制
眼部周围的红晕，取消选区后的效果如图8-49所示。
使用多边形套索工具 在双肩处创建选区，同样绘制
部分红晕，如图8-50所示。

 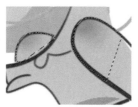

图8-49 图8-50

05 在"画笔设置"面板中选择一个尖角笔尖，采
用相同的方法，绘制面部其他细节及项链，如
图8-51所示。使用涂抹工具 （"强度"为80％）
在下眼线处单击，并向下方拖曳鼠标，拉出眼睫毛，
如图8-52所示。

图8-51 图8-52

06 在"结构"图层的下方创建一个名称为"花
纹"的图层。将前景色设置为紫色（R：196，
G：109，B：142）。用尖角画笔 点出不同大小和
颜色的圆点。用橡皮擦工具 擦除头饰和腰带轮廓外
面的花纹，如图8-53和图8-54所示。

图8-53 图8-54

07 用橡皮擦工具 （尖角笔尖，不透明度为
10％）处理"线条"图层，使线条更富于变
化。完成后的效果如图8-55和图8-56所示。

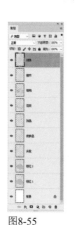 

图8-55 图8-56

8.2 参照法——将图片转换成时装画

参照法是指通过临摹时装图片来绘制时装画。这种方法可以启发绘画灵感，更容易捕捉新颖时尚的人体动态。临摹图片并不是完全依循图片上的客观主体，而应以图片中人物的动态为主，人物的肢体可进行适当夸张，表情和服饰也可以重新塑造。

制作要点：

在参考图片上绘制线稿，这种绘画练习方法有助于培养造型能力，快速提升表现力。本实例绘制时主要使用钢笔工具，再通过两种不同的笔尖进行描边，使线条富于变化，模拟手绘效果。面料的制作使用了滤镜，并通过变形处理，使之依照服装的立体结构产生扭曲。

8.2.1 在参考图片上绘制线稿

01 下面以图8-57所示的模特为参照绘制服装效果图。参照法一般先创建一个尺寸超过参照图片的文档（本实例为21厘米×29.7厘米，300像素/英寸），然后使用移动工具 ✛ 将图片拖入新建的文档中。为了能够更加清晰地观看所绘路径，需要将图片所在图层的"不透明度"调低，可以设置为50%，如图8-58所示和图8-59所示。之后，开始参照图片绘制模特的轮廓。

图8-57

图8-58

图8-59

02 单击"路径"面板底部的 ▣ 按钮，新建一个路径层。选择钢笔工具 ⬠，在工具选项栏中选取"路径"选项。描绘人物的轮廓，如图8-60所示。将"图层1"拖曳到面板底部的 🗑 按钮上删除。现在剩下轮廓线，模特看起来会比原图片上胖一点，如图8-61所示。

图8-60   图8-61

8.2.2 让身材变得高挑

01 按照时装画的标准，当前模特的身材不够高挑。我们可以在确保身体比例平衡的前提下，通过延长脖子、腿的长度，使模特的身材显得修长和舒展。使用路径选择工具 ▶ 选取头部路径，向上移动，如图8-62所示，再选取腿部路径，向下移动，如图8-63所示。

图8-62   图8-63

02 使用直接选择工具 ▶ 在路径的端点单击，如图8-64所示，将其选取之后，向上移动，使其贴近面部的路径，如图8-65所示。

图8-64   图8-65

03 用同样的方法调整腿部路径，效果如图8-66所示。单击"图层"面板底部的 🔲 按钮，新建一个图层，修改名称为"轮廓"，如图8-67所示。

图8-66   图8-67

04 选择画笔工具 ✐，在工具选项栏的"画笔"下拉面板中选择硬边圆笔尖，"大小"调整为1像素，如图8-68所示。单击"路径"面板底部的 ○ 按钮，用画笔描边路径，效果如图8-69所示。

图8-68   图8-69

05 选择"硬边圆压力大小"笔尖，"大小"调整为4像素，如图8-70所示，单击 ○ 按钮再次描边，使线条产生粗细变化，如图8-71所示。

图8-70   图8-71

183

8.2.3 上色

01 选择魔棒工具，在工具选项栏中单击添加到选区按钮，设置容差为20，选取"对所有图层取样"选项，如图8-72所示。在人物的皮肤区域单击，创建选区，如图8-73所示。按住Ctrl键单击"图层"面板底部的按钮，在当前图层下方新建一个图层，修改名称为"皮肤"，如图8-74所示。

图8-72

图8-73

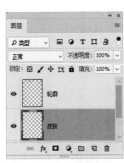

图8-74

02 将前景色设置为皮肤色（R：253，G：212，B：235），按Alt+Delete快捷键，在选区内填充前景色，如图8-75所示。选择画笔工具（柔角笔尖，100像素），用略深一点的颜色绘画，表现出皮肤的明暗效果，如图8-76所示。

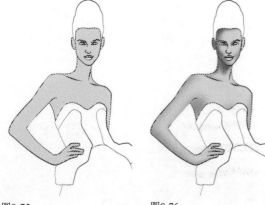

图8-75   图8-76

03 按Ctrl+D快捷键取消选择。继续绘制眼影、眉毛和嘴唇，如图8-77和图8-78所示。

图8-77   图8-78

04 下面处理眉毛和头发。眉毛的轮廓线略粗，可以在"图层"面板中选择"轮廓"图层，然后使用橡皮擦工具将眉梢擦淡，如图8-79所示。绘制头发时依然在"皮肤"图层中操作。可以使用魔棒工具选取头发区域，填充粉红色（R：240，G：77，B：108），如图8-80所示。

图8-79   图8-80

05 使用画笔工具在头发上绘制明暗效果，如图8-81所示。新建一个图层，按[快捷键将笔尖调小，在额头上方绘制，如图8-82所示。

图8-81   图8-82

06 选择涂抹工具。打开"画笔"面板，展开"旧版画笔"|"默认画笔"列表，如图8-83所示，找到"粉笔36像素"笔尖，如图8-84所示。在深色笔触上拖曳鼠标，涂抹出发丝，如图8-85和图8-86所示。按Ctrl+E快捷键，将该图层（发丝）与

"皮肤"图层合并。

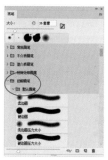 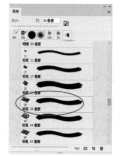

图8-83　　　　　　　图8-84

图8-85　　　　　　　图8-86

 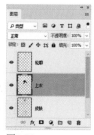

提示　Point

涂抹工具 可以拾取鼠标单击点的颜色，并将颜色沿拖移方向展开，像手指拖过油漆时呈现的效果。该工具适合处理小范围的图像，面积过大不容易控制，并且处理速度会非常慢。大面积图像最好用"液化"滤镜编辑。

8.2.4　通过变形表现上衣花纹

01 用魔棒工具 选取上衣。新建一个图层，填充黑色，如图8-87和图8-88所示。

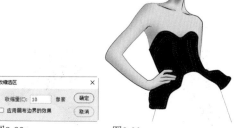

图8-87　　　　　　　图8-88

02 执行"选择"|"修改"|"收缩"命令，设置选区的收缩量为10像素，如图8-89和图8-90所示。打开图案素材，如图8-91所示。按Ctrl+A快捷键全选，按Ctrl+C快捷键复制。切换到服装效果图文档，执行"编辑"|"选择性粘贴"|"贴入"命令，将

图案粘贴到选区内，如图8-92所示，此时会自动生成蒙版，将选区以外的图案隐藏。修改该图层的名称为"上衣花纹"。

图8-89　　　　　　　图8-90

图8-91　　　　　　　图8-92

03 按Ctrl+T快捷键显示定界框，将图案向逆时针方向旋转，如图8-93所示。单击鼠标右键，在打开的快捷菜单中选择"变形"命令，显示变形网格，如图8-94所示。

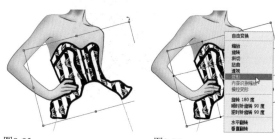

图8-93　　　　　　　图8-94

04 拖曳锚点，按照衣服的起伏走向扭曲图案，如图8-95所示。按Enter键确认。在该图层的图像缩览图与蒙版缩览图之间单击，将图像与蒙版链接在一起。单击蒙版缩览图，进入蒙版编辑状态，如图8-96所示。

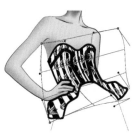 

图8-95　　　　　　　图8-96

05 使用画笔工具 ✐ （"硬度"为60%），在衣服上涂抹黑色，如图8-97所示。设置画笔的"硬度"为0%，"不透明度"为30%，继续涂抹，以减淡图案的显示，如图8-98所示。

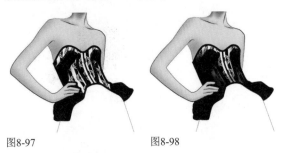

图8-97　　　　　　　　　图8-98

8.2.5 使用滤镜制作裙子花纹

01 新建一个图层。使用矩形选框工具 ▢ 创建选区，填充白色，如图8-99所示。按Ctrl+D快捷键取消选择。执行"滤镜"|"素描"|"半调图案"命令，打开"滤镜库"，在"图案类型"下拉列表中选择"网点"，设置"大小"为12，"对比度"为27，如图8-100所示。

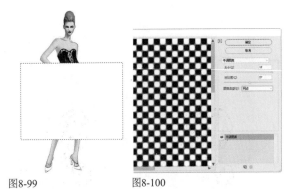

图8-99　　　　　　　　图8-100

02 按Ctrl+T快捷键显示定界框，拖曳控制点，调整图像的高度，如图8-101所示。按Ctrl+J快捷键复制图层，然后设置混合模式为"差值"，如图8-102所示。

图8-101　　　　　　　　图8-102

03 再次打开"滤镜库"，在"图案类型"下拉列表中选择"直线"选项，如图8-103所示。关闭对话框。按Ctrl+E快捷键，将这两个图案合并到一个

图层中，效果如图8-104所示。使用移动工具 ⊹，按住Alt键向上拖曳图案进行复制，如图8-105所示，同时会生成一个新的图层，可以再次按Ctrl+E快捷键将图案图层合并。

图8-103

图8-104　　　　　　　　图8-105

04 按Ctrl+L快捷键打开"色阶"对话框，拖曳黑场滑块，将图案的色调调暗，如图8-106和图8-107所示。

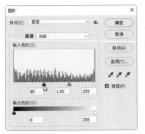 

图8-106　　　　　　　　图8-107

05 新建一个图层，设置混合模式为"叠加"。分别绘制浅黄色与浅蓝色相间的条纹，为图案着色，如图8-108和图8-109所示。按Ctrl+E快捷键将色块合并到图案中。

图8-108　　　　　　　　图8-109

06 在"图层2"（图案图层）的眼睛图标 ⊙ 上单击，将该图层隐藏。使用魔棒工具 ✐ 选取裙

子，创建一个名称为"裙子"的图层，填充黑色。调整一下图层的排列顺序，让"轮廓"图层依然位于最顶层。显示图案图层，并将其选取，按Alt+Ctrl+G快捷键创建剪贴蒙版，如图8-110和图8-111所示。

图8-110　　　　　　图8-111

07 依照裙摆的形状对图案进行扭曲，方法与制作上衣图案相同，在操作前先复制出两个图案图层作为备用。图案的扭曲效果如图8-112所示。使用多边形套索工具选取多余的区域，按Delete键删除，效果如图8-113所示。再将另外两个图案扭曲成图8-114所示的效果。

图8-112　　　　图8-113　　　　图8-114

08 新建一个路径层。使用钢笔工具绘制裙子上的装饰线，如图8-115和图8-116所示。

图8-115　　　　　　图8-116

09 新建一个图层。选择画笔工具，在"画笔"面板中展开"DP画笔"组，选择"DP裂纹"笔尖，设置大小为50像素，如图8-117所示。将前景色设置为白色，单击"路径"面板底部的按钮，用画

笔描边路径，效果如图8-118所示。

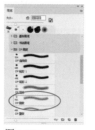

图8-117　　　　　　图8-118

10 用钢笔工具绘制耳环和项链路径，如图8-119所示。选择"硬边圆"笔尖，设置"大小"为3像素，"间距"为85%，在左侧列表中分别选取"形状动态""散布""颜色动态"选项，并设置参数，如图8-120~图8-123所示。调整前景色和背景色，用画笔描边路径，效果如图8-124所示。

图8-119　　　　图8-120　　　　图8-121

图8-122　　　　图8-123　　　　图8-124

11 选取鞋子，填充颜色。用多边形套索工具（"羽化"为3像素）创建选区，填充白色作为高光，如图8-125所示。整体效果如图8-126所示。

图8-125　　　　　　图8-126

8.3 模板法——基于人物模板快速创作

服装杂志上有大量俊男靓女的图片，可以用Photoshop软件中的钢笔工具将其描摹下来，建立自己的模板库，以后绘制时装画时，就可以在人体模板的基础上快速创作。人物模板只要画出清晰的轮廓，保证身体各部分比例正确即可，面部和发型不必刻画得太细致。创建一个模板后，可以通过改变腿、手臂的位置，来创造更多的造型和姿势。

制作要点：

本实例我们在人物模板上绘制时装画。由于模特素材是现成的资源，我们可以着重于服装款式、色彩和面料的设计表现，我们将通过形状图层制作裙子，然后在上面叠加图案，再使用图层蒙版和剪贴蒙版，制作面料的透明效果。

8.3.1 在人物模板上绘制服装

01 图8-127所示为使用钢笔工具 ✐ 绘制出的不同姿态和角度的人物模板。打开该素材。

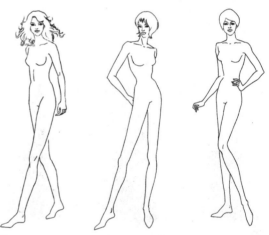

图8-127

02 选择钢笔工具 ✐，在工具选项栏中选取"形状"选项，在"填充"下拉面板中选择洋红色，如图8-128所示。绘制连衣裙，如图8-129所示。绘制的图形会保存在形状图层上。

图8-128

图8-129

03 选择油漆桶工具 ，在工具选项栏中选择"图案"选项，在"图案"下拉面板菜单中选择"自然图案"命令，加载该图案库，然后选择其中的"蓝色雏菊"图案，如图8-130所示。单击"图层"面板底部的 按钮，新建一个图层，在画面中单击鼠标，填充该图案，如图8-131所示。

图8-130　　　　　　　　　　图8-131

04 设置图层的混合模式为"变暗"，使图案成为裙子的底纹。按Alt+Ctrl+G快捷键创建剪贴蒙版，用裙子图形限定图案的显示范围，如图8-132和图8-133所示。

图8-132　　　　　图8-133

8.3.2　表现面料的透明质感

01 选择"形状1"图层，如图8-134所示，单击"图层"面板底部的 按钮，为它添加蒙版，如图8-135所示。

图8-134　　　　　　图8-135

提示 Point

在剪贴蒙版组中，如果在基底图层（本实例为"形状1"图层）添加蒙版，则在蒙版中所做的任何操作，都会影响内容图层（本例中的图案图层）。例如，填充渐变后，内容图层也会呈现渐隐效果。而在内容图层中添加蒙版并进行编辑，则只影响其自身，不会让基底图层的效果发生改变。

02 选择渐变工具 ，在画面底部填充黑色线性渐变，使裙子底部呈现透明效果，如图8-136和图8-137所示。

图8-136　　　　　　　　图8-137

8.3.3　制作描边与褶皱

01 按住Ctrl键单击路径层的缩览图，如图8-138所示，从路径中加载选区，如图8-139所示。

图8-138　　　　　　图8-139

189

02 新建一个图层,如图8-140所示。将"图层2"拖曳到"图层1"上方,按Alt+Ctrl+G快捷键,将其从剪贴蒙版组中释放出来,如图8-141所示。

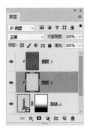 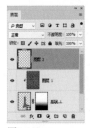

图8-140　　　图8-141

03 执行"编辑"|"描边"命令,打开"描边"对话框,设置描边宽度为3像素,位置居外,如图8-142所示,单击"确定"按钮关闭对话框。按Ctrl+D快捷键取消选择,如图8-143所示。

图8-142　　　图8-143

04 用钢笔工具 ✎ 绘制裙子左侧的褶皱,如图8-144所示。在工具选项栏中单击 ▣ 合并形状选项,继续绘制另外几条褶皱,这样就可以使这些图形位于同一个形状图层中,效果如图8-145所示。

图8-144　　　图8-145

05 设置该图层的混合模式为"叠加",使褶皱融入裙子的色调及花纹中,如图8-146和图8-147所示。

图8-146　　　图8-147

06 绘制鞋子,然后用与裙子描边相同的方法为鞋子描边,如图8-148所示,最终效果如图8-149所示。

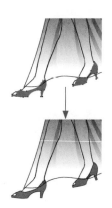 

图8-148　　　图8-149

技巧

在本实例中,连衣裙绘制在了形状图层上。形状图层不仅具备路径易于修改的特点,还可以转换填充内容。例如,单击形状图层后,选择路径选择工具 ▶,便可在工具选项栏的下拉面板中选择渐变和图案,或者修改填充颜色。

8.4 贴图法——抠图与贴图应用技巧

贴图法是一种能够体现Photoshop服装设计优势的技术，它的特点是将真实的服装面料作为素材（也可以用Photoshop制作面料，或者对真实的面料进行修改），贴在真实的模特图像上，或者覆盖在模特原有的服装上。可以让人最直观地看到面料和着装效果。

制作要点:

由于需要指定贴图区域，因此，贴图法会用到抠图技术。抠图是指将所需图像选取，并从背景中分离出来，放在一个单独的图层上。在Photoshop的抠图工具中，矩形选框工具[ ]和椭圆选框工具○可以创建矩形和圆形选区；套索工具♀、多边形套索工具♢和磁性套索工具♪，可以像绳索捆绑对象一样，围绕图像创建不规则选区；磁性套索工具♪、魔棒工具✦、快速选择工具✐、背景橡皮擦工具✦和魔术橡皮擦工具✦、以及"色彩范围"命令、"主体"命令，可以自动识别色彩和色调，并基于色彩或色调差异快速创建选区。本实例重点学习怎样使用"选择并遮住"命令修改选区并抠图。

8.4.1 抠人像

01 打开素材，如图8-150所示。执行"选择"|"主体"命令，Photoshop会自动将人物选取，如图8-151所示。该命令可以选取图像中突出的主体，凭借先进的机器学习技术，经过训练以后，它还能识别多种对象，包括人物、动物、车辆、玩具等。

图8-150   图8-151

02 先来检查一下选区是否有需要完善的地方。可以按Ctrl+J快捷键，将选中的图像复制到一个图层中，在它下面创建图层，并填充黑色。在黑色背景上不难发现，人物手臂处还残留着背景图像，如图8-152和图8-153所示。

03 下面来对选区进行深入加工。执行"选择"|"选择并遮住"命令，在"视图"下拉列表中选择"黑底"视图模式，将不透明度设置为100%，以便更好地观察选区的调整结果。将"平滑"值设置为5，将"对比度"设置为20，选区边界的

黑线、模糊不清的地方就会得到修正。选取"净化颜色"选项，将"数量"设置为100%，如图8-154和图8-155所示。

图8-152　　　图8-153

图8-154　　　图8-155

04 对于手臂周围多余的背景，使用选择并遮住画笔工具 ![笔] 将其涂抹掉，如图8-156和图8-157所示。如果有缺失的图像，可以使用画笔工具 ![画笔] 将其恢复过来，如图8-158和图8-159所示。

图8-156　　　图8-157

图8-158　　　图8-159

提示 *Point*

处理细节时，可以按Ctrl++和Ctrl+-快捷键放大或缩小窗口的显示比例。按住空格键拖曳鼠标，则可以移动画面。

05 选区修改好以后，在"输出到"下拉列表中选择"新建带有图层蒙版的图层"选项，单击"确定"按钮，将图像复制到一个图层中，它会自动添加蒙版，并将选区外的图像隐藏，完成抠图操作，如图8-160和图8-161所示。

图8-160　　　图8-161

06 按Ctrl+J快捷键复制图层。用快速选择工具 ![快速选择] 选取裙子（包含位于裙子上方的项链），如图8-162所示。按Shift+Ctrl+I快捷键反选，单击蒙版缩览图，填充黑色，如图8-163所示。

图8-162　　　图8-163

07 选择椭圆选框工具 ![椭圆] ，单击工具选项栏中的添加到选区按钮 ![添加] ，设置羽化为1像素，选取位于裙子上方的项链，如图8-164所示。单击"背景 拷贝2"的图像缩览图，如图8-165所示。

08 按Ctrl+J快捷键，将选中的项链复制到新的图层中，如图8-166所示。将"背景"图层拖曳到"图层"面板底部的 ![删除] 按钮上删除。重新命名其他图层，如图8-167所示。

图8-164　　　　　图8-165

图8-166　　　　　图8-167

8.4.2 拼贴面料

01 打开面料素材，如图8-168所示。使用移动工具 ⊕，将其中的玫瑰花纹拖入人物文档。按Ctrl+Shift+[快捷键，将其移至底层，如图8-169和图8-170所示。

图8-168　　　　　图8-169　　　　　图8-170

02 切换到素材文档。单击"玫瑰花纹"前面的眼睛图标 ⊙，将其隐藏。选择"蓝色花纹"，如图8-171所示。使用矩形选框工具 □ 选取素材的一部分，如图8-172所示。

图8-171　　　　　图8-172

03 按住Ctrl键，临时切换为移动工具 ⊕，将选中的图像拖入人物文档，如图8-173所示。用同样的方法选取其他面料，装饰在人物的背景中，如图8-174所示。

图8-173　　　　　图8-174

04 将"古典装饰花纹"拖入人物文档，放在"裙子"图层的上方。按Alt+Ctrl+G快捷键创建剪贴蒙版，让它成为裙子的面料花纹，如图8-175和图8-176所示。

图8-175　　　　　图8-176

05 按Ctrl+I快捷键，将图像反相，图像中每一种色彩都会转换为其补色，这时，黄色会转为蓝色。设置混合模式为"颜色加深"，图像会生成如缎面一样的纹理和光泽，如图8-177和图8-178所示。

图8-177　　　　　图8-178

06 单击"人物"图层。按Ctrl+M快捷键打开"曲线"对话框，将人物调亮，如图8-179和图

8-180所示。

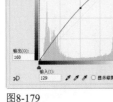

图8-179

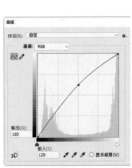

图8-180

8.4.3 表现透视和明暗关系

01 将粉色花纹拖入人物文档，用来装饰地面。按Ctrl+T快捷键显示定界框，将光标放在定界框的一角，拖曳鼠标将图像旋转90°，如图8-181所示；将光标放在定界框上方，向下拖曳鼠标，调整图像的高度，如图8-182所示。

图8-181

图8-182

02 将光标放在定界框的右下角，单击并按住Alt+Shift+Ctrl键向外侧拖曳鼠标，使图像呈现梯形变化。将光标放在右上角，向内拖曳，表现出近大远小的透视变化，如图8-183所示。按Enter键确认，效果如图8-184所示。

图8-183

图8-184

03 按Ctrl+U快捷键打开"色相/饱和度"对话框，将"色相"设置为39，改变花纹颜色，如图8-185和图8-186所示。

图8-185

图8-186

04 选择矩形选框工具 ，按照地面花纹的大小创建一个矩形选区，如图8-187所示。按D键，将前景色恢复为黑色。选择渐变工具 ，在工具选项栏的"渐变"下拉面板中选择"前景色到透明渐变"，新建一个图层，在选区内填充渐变，使远处的地面变暗，如图8-188所示。

图8-187

图8-188

05 按Ctrl+D快捷键取消选择。将该图层的混合模式设置为"柔光"，"不透明度"调整为70%，如图8-189和图8-190所示。

图8-189

图8-190

06 新建一个图层，设置不透明度为50％。选取"深黑暖褐"色作为前景色，如图8-191所示。单击工具选项栏中的对称渐变按钮 ▣ ，将光标放在地面与墙的衔接处，按住Shift键向下拖曳鼠标，填充对称渐变，鼠标移动的范围不要过大，这样可以使渐变看起来像是一条柔和的线，如图8-192所示。

图8-191 图8-192

07 新建一个图层，设置混合模式为"正片叠底"，"不透明度"为40％，如图8-193所示。再填充一个范围稍大一点的对称式渐变，效果如图8-194所示。

图8-193 图8-194

08 用画笔工具 ✎ （"不透明度"为30％）在人物脚部绘制投影，如图8-195所示。

图8-195

09 双击"蓝色花纹"图层，打开"图层样式"对话框，在左侧列表中选择"投影"选项，为布料添加投影效果，设置"角度"为120°，使投影出现在布料的右边，取消对"使用全局光"选项的选

取，如图8-196所示，效果如图8-197所示。

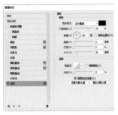

图8-196 图8-197

10 按住Alt键，将"蓝色花纹"图层右侧的 *fx* 图标拖曳到"粉色花纹"图层，将图层样式复制到该图层，如图8-198和图8-199所示。

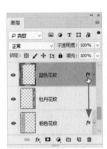

图8-198 图8-199

11 采样同样的方法，将该图层样式复制给"牡丹花纹"图层。双击该图层，打开"图层样式"对话框，将角度调整为60°，如图8-200所示，使投影出现在布料的左边。按住Alt键，将"牡丹花纹"图层右侧的 *fx* 图标拖曳到"黄色花纹"图层，为其添加投影效果，如图8-201所示。

图8-200 图8-201

8.5 再现真实笔触——马克笔效果休闲装

马克笔又称麦克笔，它的特点是风格洒脱、豪放，适合快速表现构思。马克笔的出现克服了水粉、水彩等工具携带不方便、表现技法不易掌握等缺点。表现马克笔绘画效果时，应体现出运笔的力度，笔触要果断，作画时还要适当留出空白。

制作要点：

本实例主要使用"大油彩蜡笔"笔尖对路径进行描边。操作要点是注意笔触相交处的形状，超出边缘线的颜色用橡皮擦工具擦除。该工具还可处理笔触的起笔和收笔，以表现手绘效果。笔触的飞白效果则是用涂抹工具处理的。

8.5.1 绘制大色块笔触

01 打开素材，如图8-202所示。这是一个PSD格式的分层文件，"线稿"图层中包含人物轮廓线稿，如图8-203所示。"路径"面板中有人物的"线稿"路径，如图8-204所示。

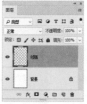

图8-202　　　　　图8-203　　　　　图8-204

02 单击"图层"面板顶部的 🔒 按钮，将"线稿"图层锁定，如图8-205所示，以免在上色时颜色涂到线稿上。按住Ctrl键单击面板底部的 🔲 按钮，在"线稿"图层下方创建一个图层，将名称设置为"衣服颜色1"，如图8-206所示。

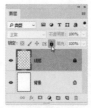

图8-205　　　　图8-206

03 将前景色设置为粉红色（R: 217，G: 186，B: 161）。选择画笔工具 🖌，打开"画笔"下拉面

板，展开"旧版画笔"中的"默认画笔"组，并选择笔尖，设置"不透明度"为90%，如图8-207所示。

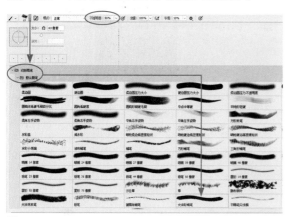

图8-207

提示 *Point*

在设置画笔不透明度的时候，不仅要考虑到笔触之间的交叠，还要兼顾颜色本身的特点，像粉红色这类颜色，不透明度设置过低会使颜色变灰而显得没有精神。

04 在衣服区域内绘画，如图8-208所示。绘制过程中不要过分在意超出边缘线的颜色，要注意笔触相交处的形状。使用橡皮擦工具 ✐ 擦除超出边缘线的大部分颜色，并处理笔触的起笔和收笔处，使其更像手绘的笔触，如图8-209所示。

图8-208

图8-209

05 选择涂抹工具 ✐，选择"干画笔"笔尖，设置强度为80%，如图8-210所示。

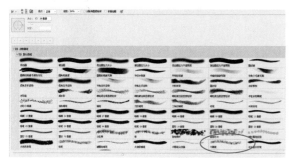
图8-210

06 在每个笔触的尾部涂抹，使其呈现飞白效果，如图8-211所示。选择橡皮擦工具 ✐，也是使用"干画笔"笔尖，设置工具的不透明度为60%，在涂抹处擦拭，如图8-212所示。

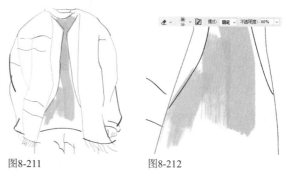
图8-211　　　　　　　　图8-212

07 新建一个图层，在其余空白处绘画，如图8-213所示。使用橡皮擦工具 ✐ 进行处理。按Ctrl+E快捷键向下合并图层，效果如图8-214所示。

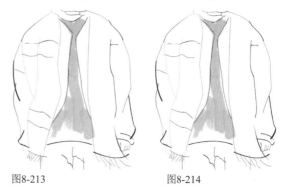
图8-213　　　　　　　　图8-214

08 采用同样的方法，把所有衣服都描绘上颜色，如图8-215和图8-216所示。

图8-215

图8-216

09 单击"路径"面板底部的 ▢ 按钮，新建一个名称为"辅助"的路径层。使用钢笔工具 ✐ 绘制路径，然后按住Alt键，单击面板底部的 ◯ 按钮，用涂抹工具 ✐（"干画笔"笔尖，设置"模式"为"正常"，"强度"为80%）描边，如图8-217~图8-219

所示。可以结合橡皮擦工具 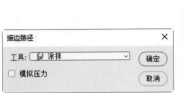（"干画笔"笔尖，"不透明度"为60%）来完成长段飞白效果的表现。

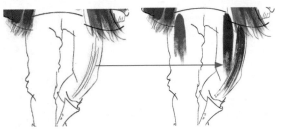

图8-217　　　　　　　　　　　图8-218

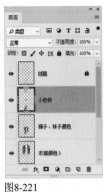

图8-219

10 其余部分的颜色采用绘制衣服颜色的方法操作，如图8-220和图8-221所示。

图8-220　　　　　　　　　　图8-221

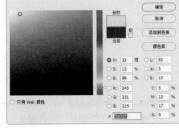

图8-222　　　　　　　图8-223

02 使用画笔工具 ，用前面使用过的"大油彩蜡笔"笔尖（"不透明度"为60%）绘制衣服条纹，如图8-224所示。调整画笔大小及前景色，绘制深色条纹，如图8-225所示。

图8-224　　　　　　　图8-225

03 新建一个图层，修改名称为"亮部、暗部"。绘制脸部及暗部色彩，以增强立体效果，如图8-226和图8-227所示。

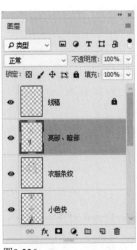

图8-226　　　　　　　图8-227

8.5.2 小细节笔法

01 新建名称为一个"衣服条纹"的图层，如图8-222所示。将前景色设置为淡黄色，如图8-223所示。

04 新建一个名称为"粗线条"的图层，如图8-228所示。选择"线稿"路径，使用路径选择工具 ，按住Shift键选取上衣区域中的一些子路径，如图8-229所示。

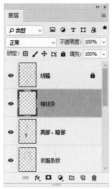

图8-228 图8-229

呈现手绘笔触效果，如图8-235所示。

05 按D键，将前景色恢复为黑色。选择画笔工具 ✏️（"大油彩蜡笔"笔尖，"不透明度"设置为100%），调整画笔的圆度和角度，如图8-230所示。单击"路径"面板底部的 ⭕ 按钮，用画笔描边路径，通过加粗线条来强调轮廓，如图8-231所示。

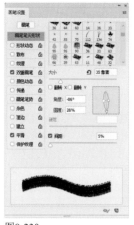

图8-230 图8-231

06 单击"辅助"路径层，使用钢笔工具 ✒️ 绘制几条路径，采用同样的方法描边，如图8-232和图8-233所示。

图8-234 图8-235

08 新建一个名称为"影子"图层。调整画笔的不透明度和前景色，绘制一些投影，如图8-236所示。将该图层的"不透明度"设置为60%，让影子变淡，使主体人物更加突出，效果如图8-237所示。

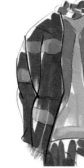

图8-232 图8-233

07 使用画笔工具 ✏️ 随意涂抹一些小的衣纹线，如图8-234所示。用橡皮擦工具 🧹（"干画笔"笔尖，不透明度为60%）擦除绘制好的粗线条，使其

图8-236 图8-237

8.6 透明技巧——水彩效果晚礼服

水彩画的特点是以薄涂保持其透明性，产生晕染、渗透、叠色等效果，适合表现轻薄柔软的丝绸和薄纱等面料。水彩画色彩鲜艳，充满生气，在一定程度上表达了造型的活力和动感。

制作要点：

本实例主要使用"半湿描油彩笔"笔尖表现笔触效果，通过调整画笔的大小、不透明度和流量，绘制出水彩风格的时装画。这种方法能在保持颜色透明特性的同时，体现笔触的叠加效果。在为裙子着色时，需要将墨渍素材定义为画笔，以便增强画笔工具的表现力。

8.6.1 绘制轮廓

01 按Ctrl+N快捷键，打开"新建文档"对话框，从预设的选项中创建一个A4大小的文件，如图8-238所示。

图8-238

02 先来绘制人物的比例结构。在绘制前，新建一个图层，先确定画面视觉中心的位置，绘制出人体动态的中轴线，按照9头身的比例进行分割，如图8-239所示。再新建一个图层，使用画笔工具 🖊 绘制，如图8-240所示。直线的绘制技巧是，先在画面上单击鼠标，然后将光标移到另一处位置，再次单击，两点之间便可连接成一条直线。

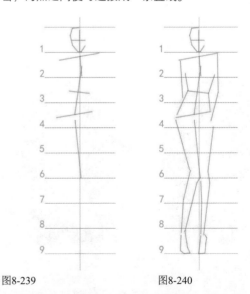

图8-239   图8-240

03 新建一个图层。打开"画笔"下拉面板，展开"旧版画笔"中的"默认画笔"组，选择"半

湿描油彩笔",如图8-241所示。绘制人物的眉眼及面部,如图8-242所示。操作时,可通过按【键和】键,调整画笔工具的大小,然后用较粗的笔尖绘制身体轮廓,如图8-243所示。绘制完成后,可以将"图层1"删除。

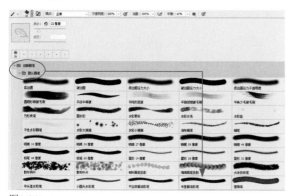

图8-241

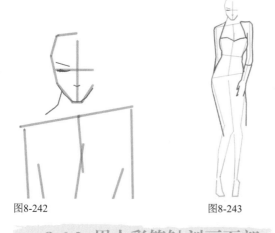

图8-242　　　　　　　　图8-243

8.6.2 用水彩笔触刻画面部

01 选择橡皮擦工具 ✐ 及"柔边圆"笔尖,设置参数,如图8-244所示。对线条的边缘进行擦除,使线条变细,没有多余的棱角,如图8-245所示。设置工具"大小"为30像素,"硬度"为0%,"不透明度"为30%,在线条上面单击鼠标,使线条变浅,形成明暗变化,如图8-246所示。

图8-244

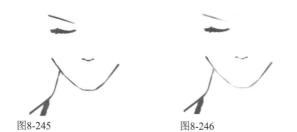

图8-245　　　　　　　　图8-246

02 选择画笔工具 ✐(仍然使用"半湿描油彩笔"笔尖),设置"大小"为10像素,"不透明度"和"流量"均为50%,如图8-247所示。绘制嘴唇、眼影和睫毛,如图8-248和图8-249所示。

图8-247

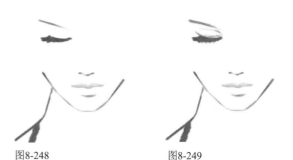

图8-248　　　　　　　　图8-249

03 将前景色设置为紫红色。设置画笔工具 ✐ 的大小为45像素,"不透明度"和"流量"均为100%,绘制头发,如图8-250所示。将前景色设置为洋红色,调整画笔参数(不透明度为30%,流量为50%)继续绘制,如图8-251所示。

图8-250　　　　　　　　图8-251

04 分别用橙黄色、黄色、青蓝色绘制头发,颜色淡一些,表现出水彩画的透明感,如图8-252所示。将画笔调小,绘制细节,如图8-253所示。

图8-252　　　　　　　　图8-253

05 新建一个图层。在头顶点一个浅棕色的点,如图8-254所示。选择涂抹工具 ✐ 和"柔边圆"笔尖,设置"大小"为13像素,"强度"为80%,在色点上拖曳鼠标,涂抹出一条发丝线,如图8-255所示。

图8-254　　　　　　　图8-255

06 用同样的方法抹出更多的发丝，如图8-256所示。绘制完成后，可以按Ctrl+E快捷键，将发丝与人物图层合并。

图8-256

8.6.3　通过雕刻法表现轮廓线

01 选择橡皮擦工具 ✐，在工具选项栏的下拉面板中选择"半湿描油彩笔"笔尖，设置"大小"为50像素。将光标放在肩部轮廓线上，单击并拖曳鼠标，将线条擦细，使线条更加富于变化，不足之处可用画笔工具 ✐ 修补，如图8-257~图8-260所示。

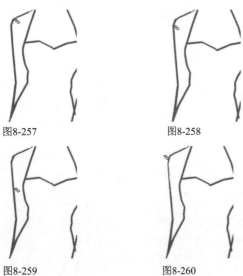

图8-257　　　　　　　图8-258

图8-259　　　　　　　图8-260

02 选择画笔工具 ✐，用较细的笔尖绘制手套。同样需要使用橡皮擦工具 ✐ 修饰线条，去除棱角，使线条看起来更流畅，如图8-261所示。为皮肤上色，如图8-262所示，颜色不用涂满，使笔触可见。再用青蓝色表现颈部和手臂的暗影，如图8-263所示。

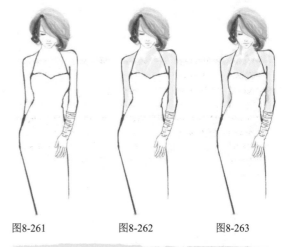

图8-261　　　　图8-262　　　　图8-263

8.6.4　用自定义画笔表现水彩效果

01 打开素材，如图8-264所示。执行"编辑"|"定义画笔预设"命令，在打开的对话框中将画笔命名为"水彩画笔"，如图8-265所示。关闭对话框。

图8-264　　　　　　　图8-265

02 选择画笔工具 ✐，"画笔设置"面板中会自动选取我们自定义的画笔，设置"大小"为300像素，"角度"为-53°，如图8-266所示。在工具选项栏中调整不透明度及流量，如图8-267所示。在裙子上涂抹蓝紫色，铺设出主体色彩，同时在表达服装的亮度处要留白，如图8-268和图8-269所示。

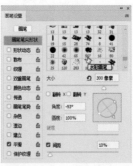

图8-266　　　　　　　图8-267

图8-273

05 补一些颜色，提高高光，再表现出褶皱处的阴影，通过重复刻画，表现层次和透叠效果，使裙摆呈现立体感。用橡皮擦工具 ✍ 修饰边缘，效果如图8-274所示。

图8-268　　　　　　　图8-269

03 在"画笔"下拉面板中选择"硬边圆"笔尖，绘制裙摆，如图8-270所示。用"半湿描油彩笔"笔尖绘制大色块，如图8-271所示。

图8-274

06 打开背景素材。使用移动工具 ✛ 将素材拖入服装效果图文档中，作为背景，如图8-275所示。

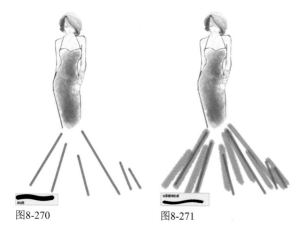

图8-270　　　　　　　图8-271

04 再铺一些粉红色，如图8-272所示。选择橡皮擦工具 ✍ （"半湿描油彩笔"笔尖，"不透明度"为50%），擦除一些色块的颜色，使裙摆呈现纱质的轻薄透明特性，如图8-273所示。

图8-272

图8-275

8.7 灵活运用画笔——水粉效果休闲装

水粉是以水调和含胶的粉质颜料在纸上作画，颜料含比较多的粉，有很强的覆盖力，既可平涂，又可用不同的笔绘画，并能够在画面上反复修改。水粉画介于油画和水彩画之间，有其相对的灵活性和多样性，能够细致地再现面料的真实质感，形成较强的写实风格。

制作要点：

本实例主要使用"中号湿边油彩笔"笔尖来表现水粉绘画效果，但需要对画笔的原始参数做出修改，即取消对"湿边"选项的选取，以便使画笔笔迹干涩，更接近水粉效果。再适当调整画笔的大小、不透明度和流量。

8.7.1 用湿介质画笔勾线和涂色

01 按Ctrl+N快捷键，打开"新建文档"对话框，使用其中的预设创建一个A4大小的RGB模式文件。新建一个图层。选择铅笔工具 ✏，使用尖角笔尖打轮廓线。操作时可按住Shift键绘制直线，描绘出人物的比例结构，如图8-276和图8-277所示。用橡皮擦工具 ✐ 将多余的线条擦除，如图8-278所示。

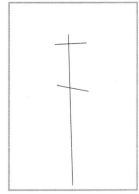

图8-276

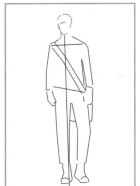

图8-277

图8-278

02 选择画笔工具 ✐，设置流量为60%。打开工具选项栏中的"画笔"下拉面板，展开"旧版画笔"中的"湿介质画笔"组，选择"中号湿边油彩笔"，如图8-279所示。在"画笔设置"面板中取消对"湿边"选项的选取，如图8-280所示。

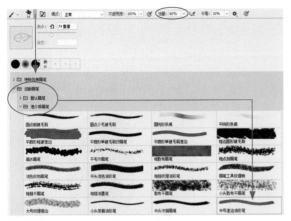

图8-279

图8-280

图8-283　　　　　　　图8-284

05 将前景色设置为深绿色，绘制裤子，如图8-285所示。将前景色设置为深灰色。新建一个图层，绘制包带，再用黑色绘制背包的其他部分，如图8-286所示。

03 绘制人物面部，如图8-281所示。按]键，将笔尖调大，以概括的方法绘制头发。使用橡皮擦工具 将多余的线条擦除，如图8-282所示。

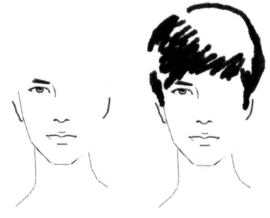

图8-281　　　　　　　图8-282

图8-285　　　　　　　图8-286

06 将前景色设置为深蓝色。按[键将笔尖调小，绘制手套，如图8-287所示。

04 绘制上衣轮廓，预留出包带的位置，如图8-283所示。将上衣涂成黑色，如图8-284所示。

图8-287

07 新建一个图层。绘制运动鞋及鞋带，如图8-288和图8-289所示。

图8-288　　　　　　　图8-289

8.7.2　用透明画笔描绘细节

01 新建一个图层。设置画笔工具 ✐ 的"不透明度"为30%。在"色板"面板中拾取50%灰作为前景色，如图8-290所示，绘制服装的明度区域。裤子可以用比原来填充的深绿色略浅一点的颜色绘制，手套也是如此，如图8-291～图8-293所示。

图8-290　　　　　　　图8-291

图8-292　　　　　　　图8-293

02 选择"背景"图层，如图8-294所示。将前景色设置为浅绿色，按Alt+Delete快捷键填色，如图8-295所示。

图8-294　　　　　　　图8-295

03 在"背景"图层上方新建一个图层。将前景色设置为皮肤色，用画笔工具 ✐ 在人物面部涂色，不要涂满，如图8-296所示。最终效果如图8-297所示。

图8-296　　　　　　　图8-297

8.8 制作铅笔线条——彩色铅笔效果舞台服

彩色铅笔绘画与素描相似，但可以绘制颜色，表现力更加丰富。使用彩色铅笔绘制时应注重几种颜色的结合使用，色与色之间的绘画交叠形成多层次的混色效果，使画面色调既有变化，又统一和谐。彩色铅笔绘画技法也可以与其他技法结合使用，产生多变的风格，但不适合表现浓重的色彩。

本实例主要使用画笔工具绘制模特，再对素材图片应用滤镜进行处理，作为服装面料的贴图使用。制作出模特整体效果后，使用"彩色铅笔"滤镜对图像进行处理，使画面初步具备手绘效果。再用载入的画笔素材绘制出一排排的铅笔线条，使彩铅效果更加逼真。

8.8.1 绘制写实的头部和手臂

01 按Ctrl+N快捷键，打开"新建文档"对话框，创建一个A4大小的RGB模式文件。新建一个图层，修改名称为"模特"。

02 选择画笔工具 ，设置不透明度为10%。在"画笔设置"面板中选择"平头湿水彩笔"笔尖，如图8-298所示。按] 键将笔尖调大，在画面中绘制头部轮廓，如图8-299所示。

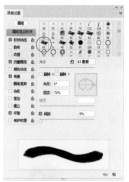 

图8-298　　　　　图8-299

03 选择橡皮擦工具 ，设置"硬度"为50%，如图8-300所示，擦除轮廓的边缘，使这个轮廓更加具体，如图8-301所示。

图8-300　　　　　图8-301

04 适当调整画笔的大小和不透明度，仔细绘制面部轮廓线，如图8-302~图8-304所示。

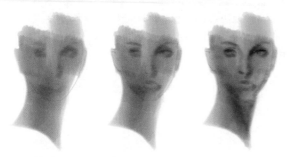

图8-302　　　　图8-303　　　　图8-304

05 按X键，将前景色切换为白色，绘制头部的光照区域，如图8-305和图8-306所示。不断调整画笔的大小、不透明度和前景色，从概括到具体一步一步深入，绘制出整个头部，如图8-307所示。

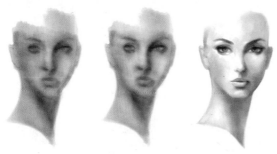

图8-305　　　　图8-306　　　　图8-307

06 采用同样的方法绘制出手和头发，如图8-308和图8-309所示。

07 由于设置了画笔的不透明度，绘制出来的人物图像的一些区域是有透明度的，添加背景时就会透出来，所以还要进行一些处理。选择多边形套索工具，在工具选项栏中设置"羽化"参数为1像素，围绕着人物轮廓建立选区，如图8-310所示。

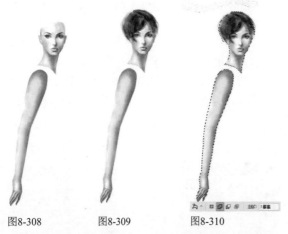

图8-308　　　　图8-309　　　　图8-310

08 在"模特"图层下方创建一个图层。将前景色设置为白色，按Alt+Delete快捷键填充前景色。

按住Ctrl键单击"模特"图层，将它与当前图层同时选取，如图8-311所示，按Ctrl+E快捷键合并，如图8-312所示。

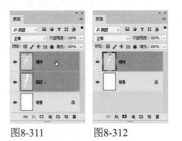

图8-311　　　　图8-312

01 按住Alt+Ctrl键单击"图层"面板底部的按钮，在"模特"图层下方新建一个名称为"衣服"的图层。使用多边形套索工具（"羽化"设为1像素）建立选区，如图8-313所示。将前景色设置为黑色，按Alt+Delete快捷键填色，如图8-314所示。

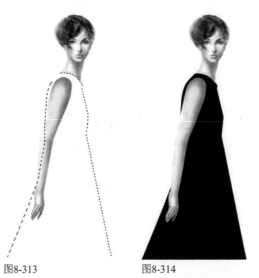

图8-313　　　　　　　图8-314

02 打开素材，如图8-315所示。执行"滤镜"|"扭曲"|"极坐标"命令，对图像进行扭曲，生成池塘涟漪状的水纹，如图8-316和图8-317所示。按Ctrl+J快捷键复制当前图层。按Alt+Ctrl+F快捷键再次应用该滤镜，效果如图8-318所示。

图8-315　　　　　　　图8-316

图8-317　　　　图8-318

03 设置图层的混和模式为"线性加深"，如图8-319所示。按Alt+Shift+Ctrl+E快捷键，将当前效果盖印到一个新的图层中，如图8-320所示。

图8-319　　　　图8-320

8.8.3 将图案贴到服装上

01 使用椭圆选框工具○选取水纹圆形，如图8-321所示。按住Ctrl键，将选区内的图像拖入模特文档，得到一个新的图层，重命名该图层为"图案"，如图8-322和图8-323所示。

图8-321　　　图8-322　　　图8-323

02 按Ctrl+T快捷键显示定界框，在工具选项栏中输入旋转角度为-90°，旋转图案，如图8-324所示，按Enter键确认变换。按Ctrl+A快捷键全选，如图8-325所示，执行"图像"|"裁剪"命令，将位于窗口以外的图像裁掉。

图8-324　　　　图8-325

03 按Alt+Ctrl+G快捷键创建剪贴蒙版，使图案只在衣服上显示。适当调整图形的位置和大小，如图8-326和图8-327所示。

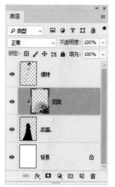

图8-326　　　　图8-327

04 按Ctrl+J快捷键复制当前图层，再按一次Shift+Ctrl+G快捷键创建剪贴蒙版，如图8-328所示。按Ctrl+T快捷键显示定界框，拖曳控制点，调整图像大小及摆放位置，如图8-329所示。

图8-328　　　　图8-329

05 新建一个名称为"裙子暗部"的图层。按住Ctrl键，单击"衣服"图层的缩览图，如图8-330所示，载入选区。使用画笔工具 ✐（柔角笔尖，"不透明度"为10%）绘制裙子暗部，如图8-331所示。

图8-330　　　　图8-331

06 单击"调整"面板中的  按钮，创建"色阶"调整图层，拖曳高光滑块，如图8-332所示，对裙子的色调进行调整，如图8-333所示。

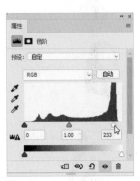

图8-332　　　　　　　图8-333

07 在图层列表顶部创建一个名称为"手镯"的图层。使用画笔工具 🖌️（"平头湿水彩笔"笔尖，"不透明度"为20%），绘制手镯，如图8-334所示。按住Shift键单击"衣服"图层，这样可以将除"背景"以外的所有图层都选取，如图8-335所示，按Ctrl+E快捷键合并，如图8-336所示。

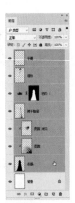

图8-334　　　　图8-335　　　　图8-336

08 按Ctrl+J快捷键复制图层，如图8-337所示。双击图层名称，为这两个图层重新命名，如图8-338所示。

图8-337　　　　　　图8-338

09 执行"滤镜"|"艺术效果"|"彩色铅笔"命令，将图像处理为手绘效果，如图8-339所示。设置图层的混合模式为"变亮"，"不透明度"为66%，如图8-340和图8-341所示。

图8-339

图8-340　　　　　　　图8-341

10 打开素材，如图8-342所示。使用移动工具 ✛ 将其拖入服装效果图文档中。按Shift+Ctrl+[快捷键移至底层，作为背景，如图8-343所示。

图8-342　　　　　　　图8-343

8.8.4 用载入的画笔绘制铅笔线条

01 选择画笔工具 🖌️，在工具选项栏中打开"画笔"下拉面板的菜单，选择"导入画笔"命令，如图8-344所示，打开"载入"对话框，选择"素描画笔.abr"，如图8-345所示。

图8-344　　　　　　　图8-345

02 加载该画笔库后，选择其中的笔尖，并设置参数，如图8-346所示。在工具选项栏中设置画笔的"不透明度"为30%，"流量"为50%，如图8-347所示。

图8-346　　　　图8-347

03 选择"图层1"，按住Alt键单击 ▣ 按钮，添加一个反相的（黑色）蒙版，如图8-348所示。用画笔工具 ✐ 在画面右侧绘制线条，像画素描一样排线，如图8-349所示。增加线条的数量，排布在人物周围，图8-350所示为蒙版效果，图8-351所示为图像效果。

图8-348　　　　　　　图8-349

图8-350　　　　　　　图8-351

04 选择"模特1"图层，单击 ▣ 按钮，添加一个蒙版，将画笔工具 ✐ 的"不透明度"设置为70%，在人物裙子的边缘、衣领的灰色区域绘制线条，如图8-352和图8-353所示。

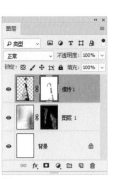

图8-352　　　　　　　图8-353

05 打开素材，如图8-354所示。使用移动工具 ✛ 将其拖入服装效果图文档中，设置混合模式为"叠加"，通过这种方法为铅笔线条着色。将"不透明度"设置为60%，使颜色变得薄一些，不要遮盖铅笔线条，如图8-355和图8-356所示。

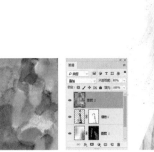

图8-354　　　图8-355　　　图8-356

06 由于降低不透明度以后，色彩也会变淡，单击"调整"面板中的 ▽ 按钮，创建"自然饱和度"调整图层，调整参数，让色彩鲜艳一些，如图8-357和图8-358所示。真实的彩铅的颜色不会像水粉画那么浓重，因此饱和度不宜设置得过高。

图8-357　　　　　　　图8-358

8.9 画笔与图层样式搭配——晕染公主裙效果

晕染是从中国画和水彩画中汲取的一种绘画手法。"晕"是指用水将颜色扩散，使色彩逐渐变淡；"染"是指两种颜色之间的过渡。晕染法的主要特点是通过水的调和来柔和画面效果，营造柔美朦胧的意境，因此，这种技法的关键在于水的运用（表现）。

制作要点：

本实例主要使用钢笔工具绘制路径，用"硬边圆压力大小"笔尖进行描边，使线条流畅，并呈现柔和的变化。在表现晕染效果时，使用了混合模式和图层样式。混合模式可以使颜色之间相互叠加，产生颜色渗透效果。图层样式起到了让颜色边缘呈现水渍痕迹的作用。

8.9.1 用路径绘制线稿

01 按Ctrl+N快捷键，打开"新建文档"对话框，创建一个A4大小、分辨率为300像素/英寸的RGB模式文件。单击"路径"面板底部的 🔲 按钮，新建一个路径层。选择钢笔工具 ✐，在工具选项栏中选取"路径"选项，绘制人物头部。绘制头发时，线条要排列得紧密、均匀，如图8-359~图8-361所示。

图8-359   图8-360   图8-361

02 选择路径选择工具 ▶，在头发以外的区域单击，然后向头发处拖曳鼠标，拖出一个矩形选框，将头发选取，按住Alt键向上拖曳进行复制，如图8-362所示。按Ctrl+T快捷键显示定界框，拖曳定界框的一角，将路径缩小，然后旋转，如图8-363所示，按Enter键确认。绘制另一侧头发，如图8-364所示。

图8-362   图8-363   图8-364

03 绘制头上束起的发髻时，可以先绘制一边，再通过复制和水平翻转的方法制作另一边，如图8-365所示。

图8-365

04 绘制身体，如图8-366所示。选择"背景"图层。将前景色设置为浅灰色（R：235，G：235，B：224），按Alt+Delete快捷键填充前景色，如图8-367所示。

图8-366　　　　　图8-367

8.9.2 用带有压力感的画笔描绘

01 选择画笔工具 ✐ 及"硬边圆"笔尖，设置大小为1像素，如图8-368所示。新建一个图层，命名为"轮廓"。将前景色设置为浅蓝色（R：147，G：192，B：229），单击"路径"面板底部的 ◯ 按钮，用画笔描边路径，效果如图8-369所示。

图8-368　　　图8-369

02 选择"硬边圆压力大小"笔尖，设置"大小"为4像素，如图8-370所示。将前景色设置为黑

色，单击 ◯ 按钮，再次描边路径，效果如图8-371所示。在"路径"面板的空白处单击，隐藏路径。

图8-370　　　　　图8-371

03 使用橡皮擦工具 ✐ 擦掉眼睛和嘴唇的轮廓线，如图8-372所示。使用路径选择工具 ▶，按住Shift键单击所有组成眼睛和嘴唇的路径，将它们选取，如图8-373所示。单击"路径"面板底部的 ● 按钮，用前景色填充路径区域，如图8-374所示。

图8-372　　　　图8-373　　　　图8-374

8.9.3 表现晕染效果

01 选择画笔工具 ✐，在工具选项栏的"画笔"下拉面板中，展开"旧版画笔"中的"默认画笔"组，选择"半湿描油彩笔"笔尖，如图8-375所示。新建一个图层。调整前景色（R：255，G：248，B：56），在裙子边缘涂抹，如图8-376所示。

图8-375　　　　　　　图8-376

02 设置该图层的混合模式为"正片叠底"，"不透明度"为60%，如图8-377和图8-378所示。

图8-377　　　　　　　图8-378

03 双击该图层，打开"图层样式"对话框，在左侧列表中选取"内发光"效果，设置参数如图8-379所示，使颜色像是被水冲淡了、逐渐地向外扩散一样，如图8-380所示。

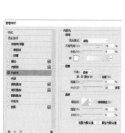

图8-379　　　　　　　图8-380

04 新建一个图层。在裙子上涂抹蓝色（R：0，G：183，B：238），如图8-381所示。设置该图层的混合模式为"正片叠底"，"不透明度"为60%。按住Alt键，将"图层1"的效果图标 *fx* 拖曳到"图层2"上，如图8-382所示，放开鼠标后，即可将效果复制给该图层1，使新绘制的蓝色也呈现晕染效果，如图8-383所示。

05 接下来的操作与上面的方法相同，只是采用了不同的颜色，混合模式也略有变化。新建一个图层，将前景色设置为深蓝色（R：0，G：104，B：183），为裙子上色，颜色范围可与蓝色略有重叠，但面积不宜太大，如图8-384所示。

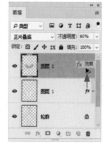

图8-381　　　　　　　图8-382

图8-383　　　　　　　图8-384

06 设置该图层的混合模式为"颜色加深"，"不透明度"为60%。按住Alt键，将"图层2"的效果图标 *fx* 拖曳给"图层3"，如图8-385和图8-386所示。

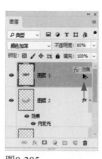

图8-385　　　　　　　图8-386

07 新建一个图层。在靠近腰部的区域涂抹深黑蓝色（R：16，G：9，B：100），如图8-387所示。设置该图层的混合模式为"颜色加深"，"不透明度"为60%。将"图层3"的效果复制给该图层，效果如图8-388所示。

图8-387　　　　　　　图8-388

08 按住Ctrl键单击"图层4"的缩览图，如图8-389所示，从该图层中（即靠近腰部的深黑蓝色裙子）载入选区，如图8-390所示。按住Ctrl+Shift快捷键单击"图层3"的缩览图，将这一图层中的选区添加到现有的选区中，如图8-391和图8-392所示。

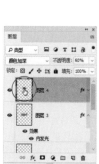

图8-389　　　　　　　图8-390

图8-391　　　　　　　图8-392

09 按住Ctrl+Shift快捷键，继续单击"图层2"和"图层1"，将这两个图层中的选区也添加到现有的选区内，如图8-393所示。选择渐变工具 ，单击工具选项栏中的径向渐变按钮 ，在选区内填充渐变，如图8-394所示。按Ctrl+D快捷键取消选择。

图8-393　　　　　　　图8-394

10 设置该图层的混合模式为"强光"，"不透明度"为72%。按住Alt键，将"图层4"的效果图标*fx*拖曳给该图层，如图8-395和图8-396所示。

图8-395　　　　　　　图8-396

11 用画笔工具 为上衣上色，如图8-397所示。将效果复制给该图层，如图8-398所示。

图8-397　　　　　　　图8-398

12 使用前面载入并添加选区的方法，加载裙子的选区。单击"调整"面板中的 按钮，基于选区创建曲线调整图层，这时，选区会转换到调整图层的蒙版中，将调整范围限定在原选区内部。向下拖曳曲线，如图8-399所示，将裙子调暗。在面板中选取"蓝"通道，将该通道的曲线也向下拖曳，减少蓝

色，同时增加其补色黄色，如图8-400和图8-401所示。按Ctrl+D快捷键取消选择。

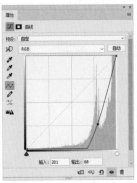

图8-399　　　　　图8-400

图8-401

8-403所示。

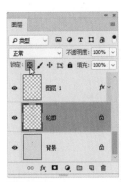

图8-402　　　　　图8-403

14 新建一个图层。将前景色设置为浅绿色（R：81，G：200，B：195）。用画笔工具 ✔（"半湿描油彩笔"笔尖，"不透明度"为80%）绘制鞋子。操作时一笔即成，不要反复涂抹，如图8-404所示。用橡皮擦工具 ✐（"不透明度"为30%）将鞋尖与鞋跟的颜色擦浅，如图8-405所示。

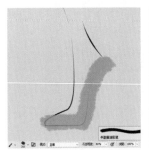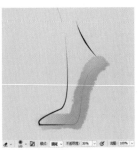

图8-404　　　　　图8-405

15 选择画笔工具 ✔ 及"柔边圆"笔尖，为头发涂黑色，颜色不要涂满，要有虚实变化。设置图层的"不透明度"为69%，如图8-406和图8-407所示。

图8-406　　　　　图8-407

16 在"轮廓"图层下方新建一个图层，设置"不透明度"为60%，如图8-408所示。在皮肤部分涂白色，颜色应涂在高光位置，并且不要涂满，如图

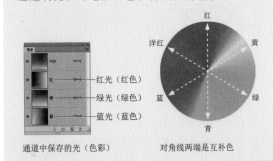

技巧

RGB模式图像的色彩是由红、绿、蓝色光（色光三原色）混合而成的。这3种色光保存在颜色通道中。其中，红通道保存红光，绿通道保存绿光，蓝通道保存蓝光。改变颜色通道中光线的明、暗，便可以影响色彩，这是一种高级调色技术。其规律是：将某一颜色通道调亮，会增加这种颜色，同时减少其补色；调暗，则减少这种颜色，同时增加其补色。例如，将红通道调亮，可增加红色，并减少青色。

通道中保存的光（色彩）　　对角线两端是互补色

13 选择"轮廓"图层，单击 ▣ 按钮，锁定图层的透明区域，如图8-402所示。用蓝色涂抹裙子的轮廓线。由于透明区域被锁定，即保护起来，涂抹操作只修改轮廓线的颜色，不会影响其他区域，如图

8-409所示。

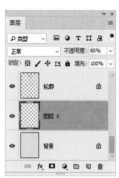

图8-408　　　　　　　　图8-409

8.9.4 制作领口的蝴蝶装饰

01 在服装效果图中，细节的装饰能够丰富画面，起到画龙点睛的作用。下面在裙子的领口添加蝴蝶结。打开素材，如图8-410所示。在"图层"面板中可以看到，素材蝴蝶放在形状图层上，如图8-411所示。也就是说，它是一个矢量图形，因此无论怎样放大或缩小图形都是清晰的。

图8-410　　　　　　　　图8-411

02 使用移动工具 ✛ 将蝴蝶拖入服装效果图文档中。按Ctrl+T快捷键显示定界框，调整图形大小并旋转，如图8-412所示。单击鼠标右键，打开快捷菜单，选择"变形"命令，显示变形网格，如图8-413所示。拖曳锚点扭曲图案，使图案符合身体的角度，如图8-414所示。按Enter键确认，效果如图8-415所示。

图8-412　　　　　　　　图8-413

图8-414　　　　　　　　图8-415

03 打开素材，如图8-416所示。将其拖入服装效果图文档中。按Shift+Ctrl+[快捷键，将其移至"背景"图层上方，设置它的混合模式为"线性减淡（添加）"，如图8-417和图8-418所示。

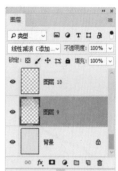

图8-416　　　　　　　　图8-417

图8-418

217

8.10 双笔尖绘画——拓印效果

拓印是指将棉花、海绵、布等材料加工成一定形状，蘸上颜料之后在画面上涂抹，可形成丰富的肌理效果。

图8-419

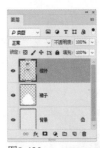

图8-420

图8-421

制作要点：

本实例主要使用自定形状工具绘制手的图形，再将其创建为画笔笔尖。通过对笔尖的"形状动态""散布""双重画笔"和"颜色动态"等选项参数的调节，使原本简单的笔尖呈现丰富的变化，用它绘制出拓印效果的笔触。

8.10.1 定义画笔

01 打开素材，如图8-419所示。裙子采用了白描手法，通过线条表现服装的褶皱关系。模特身体和裙子分别位于两个单独的图层中，如图8-420所示。按Ctrl+N快捷键，打开"新建文档"对话框，创建一个3.64厘米×4.11厘米、分辨率为300像素/英寸的RGB模式文件，如图8-421所示。

02 选择自定形状工具 ，在工具选项栏中选取"像素"选项。打开"形状"下拉面板菜单，

选择"全部"命令，加载Photoshop预设的所有形状，然后选取其中的左手图形，如图8-422所示。

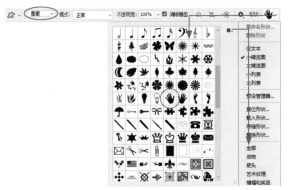

图8-422

03 新建一个图层。按住Shift键（可以保持图形不变形）绘制图形，如图8-423和图8-424所示。

图8-423　　　　　　图8-424

04 执行"编辑"|"定义画笔预设"命令，将图形定义为画笔笔尖，如图8-425所示。

图8-425

提示 Point

自定义画笔时所用的图形应为黑色。如果使用了彩色图形定义画笔后，将绘制出具有透明效果的笔触，即使画笔工具的不透明度已经设置为100%，也是如此。

8.10.2 用双笔尖绘画

01 在"裙子"图层上方新建一个图层，如图8-426所示。选择画笔工具，"画笔设置"面板中会自动选择新创建的"样本画笔1"笔尖，设置它的大小为480像素，间距为106%，如图8-427所示。

02 在左侧列表的"形状动态"选项名称上单击选中，然后在右侧选项中设置"大小抖动"和"角度抖动"参数，如图8-428所示。在左侧列表的

"散布"选项名称上单击选中，设置"散布"和"数量"参数，如图8-429所示。

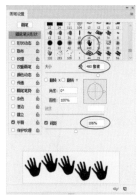

图8-426　　　　　　图8-427

图8-428　　　　　　图8-429

03 要使用双重画笔，首先要在"画笔笔尖形状"选项组中设置主笔尖，我们已经完成了（即左手图形笔尖），下面添加第二个笔尖，以便让描绘的线条中呈现两种画笔效果。在左侧列表的"双重画笔"选项名称上单击选中，选择60像素的笔尖，设置模式为"正片叠底"，其他参数设置如图8-430所示。在左侧列表的"颜色动态"选项名称上单击选中，设置参数，如图8-431所示。

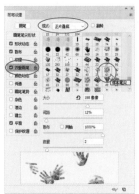

图8-430　　　　　　图8-431

04 将前景色设置为黄色，背景色设置为豆绿色，如图8-432所示。用画笔工具 ✐ 在裙子上绘制手形图案，如图8-433所示。

图8-432　　　　图8-433

05 按Alt+Ctrl+G快捷键，将该图层与它下面的图层创建为一个剪贴蒙版组，裙子以外的图案就被隐藏起来了，如图8-434和图8-435所示。

图8-434　　　　图8-435

提示　*Point*

将光标放在分隔两个图层的线上，按住Alt键（光标为 ✐□ 状）单击鼠标，也可以创建剪贴蒙版。剪贴蒙版最需要注意的是图层的连续性，只有上下相邻的图层可以创建剪贴蒙版。此外，调整图层的堆叠顺序时也要注意，不能破坏图层的连续性，否则会释放剪贴蒙版。

06 单击"背景"图层，如图8-436所示。在左侧列表的"画笔笔尖形状"选项上单击，然后选择"干画笔 1"笔尖，设置大小为410像素，间距为1%，如图8-437所示。

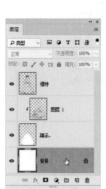

图8-436　　　　图8-437

07 在画笔工具选项栏中设置"不透明度"为50%，"流量"为20%，如图8-438所示。

图8-438

08 将前景色设置为粉色，背景色设置为黄色，如图8-439所示。在画面右侧绘制呈现喷溅质感的笔触，如图8-440所示。

图8-439　　　　图8-440